金商道

The positive thinker sees the invisible, feels the intangible, and achieves the impossible.

惟正向思考者，能察於未見，感於無形，達於人所不能。 —— 佚名

蘇國垚的款待 II
45則貼心分享筆記

蘇國垚——著

好服務。壞服務

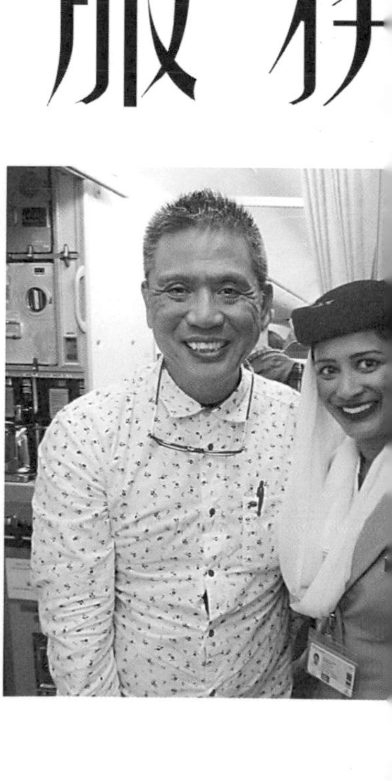

推薦序

服務，可以更文明

嚴長壽

今年，在某餐旅大學的校長遴選會議上，當大家正在為提名人選傷腦筋時，我半逗趣的說，我認為最適當的人選是蘇國垚。現場的承辦主管立即面有難色的說，蘇老師也是大家公認的適當人選，但是他十多年來就是堅持不求升等，也不願意去修更高的學位，因此他到目前為止還未具備政府所認定的校長資格。

其實，這是所有了解蘇國垚「這個人」的朋友早就知道的答案。他從過去就給自己的人生定下明確的目標——「二十年在旅館行業中學習與工作，二十年將經驗付諸教學。」在我的請求下，最後他完成了「大億麗緻酒店」旅館籌備開幕的工程，在亞都系統共待了二十二年；但以現實面來說，他只要再待三年就可以屆滿二十五年之姿，正式從亞都退休，獲得唾手可得的退休金，也不影響他決定追求「教書二十年」的人生旅程，但是他並未因此而戀棧、遲疑自己的腳步。

我一路見證著國垚以身示範，不求升等、不求名位，只為做好一個專業教師的工作。事實上，從另一種角度來看，蘇國垚早已成為台灣服務界的大老師，他所教學的教室不但深入校園，也遍布社會各個角落，他憑藉自己的敏銳觀察力，廣泛運用多元的角度，試著去影響在台灣從事服務的各行各業人員，期盼從制式的服務走出，進一步轉化成為更文明、更能因人而異且「有溫度」的服務質能。

國垚的上一本書《款待》，以他在亞都飯店從八〇年代到九〇年代，見證台灣商務訪客最輝煌的二十年服務經驗為基礎，重新將從事旅館業的夥伴，帶回到那個已逝年代中旅館職人極致的服務之道。

這一次「款待續集」《好服務。壞服務》，他更是利用近年來走遍世界各地的經驗，以一以貫之的「明察秋毫」，細緻的觀察他所看到的每一個服務的現象與角落，毫不吝嗇的大力讚賞，也毫無畏懼的大膽批評。作為與他長年共事的夥伴，我深深體會他的用心，一切只是為了看到台灣的服務業，能夠隨著教育的普及，引導台灣走向更新的服務文明。

當世界在飛快的變化中，台灣這幾年已經在許多方面逐漸失去過去的產業主導優勢。然而，從另外一個層面來看，台灣既然已經成為一個民主自由的社會，理應了解隨著世界資源的快速耗盡，人類應當從追求物質的文明轉向追求生活與精神的文明，這方面也正是目前台灣可以走向永續經營的一個重要里程，無論是台灣或是個人，我們最終一切都要回歸到對自我人牛目標的追求與肯定。

（本文作者為公益平台基金會董事長）

推薦序

用心馴服你的玫瑰！

黃晴雯

每次對著電話那頭喊出「蘇老師」，心裡總升起無限的暖意。

蘇國垚，曾經是國內五星級飯店最年輕的總經理，在旅館職涯攀升到顛峰之際，毅然轉戰教職。人人都說他是國內飯店業教父嚴長壽總裁的接班人，言下之意，對蘇老師未能繼續專職旅館經營有些遺憾。但對我而言，蘇老師轉任教職後，擔任政府、民間服務業顧問，甚至近來一頭埋入開辦高雄餐旅大學與法國藍帶廚藝學院合作的「藍帶國際廚藝卓越中心」，真正繼承了嚴總裁「大我無私」的精神，把畢生在專業領域的精華，以更多元的形式奉獻給台灣社會，提升台灣服務軟實力。

認識蘇老師十幾年來，閉上眼總能輕易描繪他的形象：銀白錯落有型的短髮、個性卻不突兀的帽子、掛在胸前隨時方便取用的眼鏡、充滿活力的後背包，以及熱度永遠不減的開朗露齒微笑。印象最深刻的是，無論走到哪裡，總會有人一眼認出蘇老師來，無論是熱情的呼喚「老師好」，或是精神抖擻高喊「蘇總」，也有不少捧著書等待空檔要簽名的學子、粉絲。蘇老師在國內最頂尖餐旅大學教書桃李滿天下，輔以近幾年每年都有兩本著作的出書量，真是國內最受歡迎的服務管理作家了。

這麼有人氣、待人又親切的蘇老師，笑容底下，藏著照遍天下無敵手的相機，一機在手，任何有趣的、值得學習或檢討的服務案例，都逃不過他的法眼，使他成為服務業令人聞之喪膽的神秘客。我曾經邀請蘇老師到SOGO跟同仁們上課、到百協向會員們演講服務的要領，精彩豐富的國內外範例、趣味橫生的解說，毫無冷場，令人領略蘇老師的認真與魅力。

蘇老師的敬業、對人的和氣，是裡外一致的，這種服務業對人的最基本態度，自然內化在老師的言行中。由SOGO主辦、結合遠東集團服務與零售資源的「遠東餐廚達人賽」，被媒體譽為「餐飲界的奧斯卡」，是國內最嚴格、最擬真、唯一結合內外場的青年廚藝競賽。賽事多年聘請蘇老師擔任主任委員，身兼評審長的他，總是不斷鼓勵選手不要氣餒、再接再厲。有一回，一位奮戰四次都不盡理想的選手，寫了封信給主辦單位，表示對賽事的質疑、並表達自己的挫折與沮喪。

承辦窗口接到這封看似客訴與抱怨的信，不敢怠慢，約了蘇老師，專程前往理解來信選手的狀況、給予適當的建議，並再次重申賽事的專業、期許選手有更好的表現。那位選手聽進去了，一年後東山再起，竟創下紀錄，締造力拼六屆、終於奪冠的賽事傳說。

這件成功案例，讓打造青年追逐餐飲服務夢想的平台——「遠東餐廚達人賽」的工作團隊相當激動，當然選手的毅力很重要，但是如果沒有一個激勵人心的導師，這個孩子與他的團隊，未必能在很年輕的二十三歲，締造一輩子都回味無窮的經歷。

國內的百貨市場嚴峻，近幾年內外夾殺，不僅要到對岸拓展市場，對內還要嚴陣以待同業的競爭，更不時要提防電子商務二十四小時的游擊突襲。當O2O（Online to Offline）的訊號燈已不足應付當前趨勢，M2O（Mobile to Online/Offline）、行動支付、大數據的科技與應用推陳出新，百貨紛紛高舉數位旗幟，期盼創造優勢、區隔對手、提供更好的體驗時，回頭靜下心來看蘇老師的《好服務。壞服務》，我非常喜歡「有溫度的服務」這樣的提醒。

日本賣場已有穿著和服的機器人服務員迎賓，大數據似乎也能幫助我們更精準的行銷、預知客戶潛在需求。現在與未來，善用科技絕對能事半功倍，但真正

「打動人心」的才是好服務。

我很喜歡《小王子》（*Le Petit Prince*）小說中，小王子與狐狸碰面的章節。狐狸說，「馴服」就是「建立關係」；「當你馴服了我，我們就彼此需要。對我而言，你將是世界上的唯一。對你而言，我也將是世界上唯一的……。」全球最經典小說裡最有感的對話，也適用於服務業。好服務就是創造「有感體驗」，每家企業都是各個星球上提供各式服務的小王子，而每位客人就是那株獨一無二的玫瑰。用心馴服你的玫瑰吧！

（本文作者為太平洋崇光百貨公司董事長）

推薦序

擁有服務靈魂的人

沈方正

拜讀完《好服務。壞服務》書稿之後，我心想，Patrick（蘇國垚英文名字），以後你到國內外各連鎖餐廳、陸海空交通業及各級政府單位的辦公室，一定馬上被認出，因為他們都有你的照片了。主管在新進同仁訓練時會說：「這個人你們要注意！」服務業主管、建築設計師、政府官員在做服務業相關規畫與改善研討時，拿著《好服務。壞服務》討論即可。店長及企業幹部在進行服務行業「洞察能力」啟發時，也可以用本書做個案研究（case study），詳讀此書真是妙用無窮呀！

與國垚兄結識多年，實在訝異於他的不斷自我挑戰，從最年輕的國際觀光飯店總經理，到籌備出台灣服務最好的飯店團隊領導者，從統領飯店業務的副總裁，到國內一流觀光學府的業師，從協助各企業進行服務改造，到投資經營服務事業。踏入這一行後，就不斷在服務領域中精進自我，不但持續學習，更樂於分享，Patrick 的服務之路，走得真精彩，真熱血呀！

印象中，我請國垚兄幫忙的地方很多，他不但百忙中抽空擔任我們集團中階幹部訓練的王牌講師，也引薦優秀的同學給我們培訓。想到好的服務點子隨時跟我分享，自我反省之下，我實在虧欠他太多。就像有可以寫出這樣一本書的能力般，他是個從內到外擁有服務靈魂的人，願意幫忙，願意分享，希望閱讀本書及受到幫助的人能夠珍惜，我更要大聲說：Patrick，這本書寫得太棒了！謝謝你！

（本文作者為老爺酒店集團執行長）

目錄

推薦序 服務，可以更文明 嚴長壽 3
推薦序 用心馴服你的玫瑰 黃晴雯 6
推薦序 擁有服務靈魂的人 沈方正 10
前言 有靈魂的服務，才動人 19

PART 1

以小搏大的服務

1 科技，始終來自人性 26
2 扶手要硬、握把要軟 33
3 聰明標示引導人潮，擠而不亂 37
4 公告看板的啟示 41
5 打動中小客戶消費，效益高過VIP 45
6 垃圾桶也可以很智慧 48
同場加映：

1 到底要投資什麼才能增強服務？ 52
2 如何得知自己的投資是否正確，如何檢視？ 53

PART 2

正中心坎的服務

7 一句話的力量，成敗一瞬間 56
8 和客人對話不可怕，多一句問候 59
9 讚美要具體，點出沒人注意之處 62
10 拿捏親疏遠近，是客製化的關鍵 66
11 不要關心過度，別把客人當白癡 69
12 真誠服務，更要自然展現 71

同場加映：

1 從事服務業需要什麼特質？ 75
2 什麼是好的領導風格？ 76

PART 3

接軌式的服務

13 閒聊，和客人的心情連結 80
14 預先滿足客人接下來的需求 83
15 會讀人，服務直達人心 87
16 對客人毫無興趣，如何讀人？ 90
同場加映：
1 怎麼訓練讀人？要用心觀察什麼？ 94

PART 4

看見熱情的服務

17 態度熱情可以掩蓋能力不足 98
18 隨時表現和制服相符的專業 102
19 從「背面」著手，找對員工 105
20 尊重，讓員工永保熱情 109
21 你休息時都在做什麼？ 114

22 積極服務好過被迫調整 117
同場加映：
1 歐巴桑想投入服務業，需要哪些訓練和注意事項？ 119
2 如何增加個人的深度？ 120
3 企業要怎麼做才顯示尊重員工？ 120

PART 5

讓人開心的服務

23 奧地利幽默設計，化解塞車無趣 124
24 倫敦車站鋼琴演奏，舒緩旅客心情 131
25 清潔，是最基本的愉悅 136
26 指標、配件顯示企業文化 140
同場加映：
1 天生缺乏幽默感的人，要如何彌補？ 144
2 男性與女性從事服務業的優劣點？ 145

PART 6

反其道而行的服務

27 衝突 vs. 驚喜 148
28 固定 vs. 行動 153
29 降低成本 vs. 提高價值 155
30 老闆規定 vs. 客人習慣 160
同場加映：
1 有沒有好的「慢」服務？ 163

PART 7

寵壞客人的服務

31 迪士尼樂園人員上遊覽車稱讚司機 166
32 銀行員到府換新鈔，還特製 Hello Kitty 印泥 171
33 授權第一線：讓客人滿意 174
34 幫客人的首飾配個珠寶盒 179
同場加映：

1 服務人員下班後，可以做哪些事情或什麼方式紓壓？ 182
2 面對年輕一代的服務人員，企業要用什麼態度對待？ 183

PART 8
有溫度的服務
35 機場、樂園、超市花心思體貼行動不便者 186
36 海鮮餐廳老闆兼任司機接送年長客人 192
37 桃園機場、高雄捷運關懷外來者、少數人 195
38 友善的公共設施和標示受人歡迎 198
39 補償，讓客人記得你的好 203
同場加映：
1 正常人如何體會不方便的人？有什麼訓練方式？ 207

PART 9
不留遺憾的服務
40 應該何時？在哪公布「暫停參觀」訊息？ 210

41 出隧道還提醒關頭燈，揪感心 213
42 真人即時總機，強過語音系統 215
43 櫃檯設計不佳，阻礙客人、員工變懶 218
44 照顧好枕頭、鞋子，飯店基本功 221
45 安全，是開店基本守護 224

同場加映：

1 服務做得太好，難處理的客人一直來，怎麼辦？ 229
2 陸客多「奧客」？ 230

跋

在不經心的地方有溫暖，在陌生的地方有善意 232

前言

有靈魂的服務，才動人

阿聯酋航空（Emirates）從台北飛往杜拜的航程上，美麗的空服人員幫我倒水，一不小心水潑了出來，灑在我身上，空服人員沒有驚慌馬上說「sorry」，反而一直保持迷人笑容對我說：「Oh ! It's your lucky day.」

奇妙的是，她的回應沒讓我不悅，反而有驚喜的感覺。這位空服人員對服務客人充滿自信，工作中傳遞著服務人員與客人之間的對等關係，她也很會「讀」我這個「人」的癖好呢！

早在二十世紀七、八〇年代，台積電董事長張忠謀就說過：「將來的電子業是服務業，不是製造業。」電子產業依客戶要求設計及製造晶片，這樣的工作型態，就是一種服務，而我認為，二十一世紀所有行業都是服務業。只要必須跟客戶接觸，必須呈現、包裝，舉凡你放的音樂，你給的茶，員工穿的制服、講的話，這些全都是服務；旅遊、金融、教育、設計、媒體、醫療……沒有一項不是服務業，不僅台灣如此，全世界都如此。

好服務凌駕SOP

我們已然站在「服務業」的世界，但我們真正了解什麼是好服務嗎？服務人員怎樣做到最好的服務？客人如何辨識好服務、並對差勁服務提出要求？公司老闆又懂得怎麼樣善待、服務員工，好讓心身快樂的員工去服務客人？這個至為關鍵的環節，企業主明白嗎？

平心而論，在製造技術成熟的現代，做出好產品並不困難，只要買好的機器設備，進好的原料，聘用熟練的工人，就可以生產好的商品。但打動人心的服務卻不是商品製造，而是一項藝術，服務人員需要練就十八般武藝，要懂得人情世故，並且在經驗傳承上不斷創新，這些都不是熟悉操作標準作業流程（SOP）就可以輕鬆過關，好服務遠遠凌駕SOP之上。

隨著科技不斷創新發展，人類已發展出許多「人工智慧」產品，並讓消費者享受到更完備快速的服務，但機器的缺點是冰冷，當你聽到平板無感的語調說出「歡迎光臨，請取票」，遠遠不比服務人員一句溫暖的招呼：「羅小姐，這邊請！」

人類因有五感感官的刺激與體會，才可以讓服務溫暖有感，觸動人心。當然服務業者必須有所警覺，有朝一日如果機器發展出具有人類「五感」的感知，而且不會抱怨工時、不必加薪，也不用休息，人工服務極有可能被取代。所以我常苦口婆心跟學生說，不好好努力，將來大家就只能從事「保養機器人」的工作，幫它們上油清潔，變成機器的僕人。

我三十六歲當上亞都飯店總經理，四十七歲離開業界進入教育界，引發我當老師的意念，來自學生時代感念師長的教育。我還在念專科時，來教我們的老師不是大飯店、航空公司經理，就是旅行社老闆，每一位在服務業界都是經驗豐富的老手。

來自實務的分享真諦

老師根據他們的親身經歷，教導我們服務的真諦。老師課堂上舉的例子都是實際發生的故事，聽來刺激精彩：昨天飯店食物中毒，前天有人跳樓自殺，還有人帶著警察來捉姦……這些故事，讓我們如臨現場，而我們在這些故事中真實學習，深感這個行業的趣味與責任。

因教育部制度上的限制，任教於大學的博士級老師，多只能教導「理論」，缺乏線上鮮活的實務經驗，以致於學生出了校門，面對工作現場常有「書上沒有教」的無措。我不是博士教授，我是一位「實務」老師，在服務業中累積多年的故事與經驗，藉著分享，希望能讓年輕一輩從這些二、三十年的經驗中，避免犯相同的錯誤，減少服務的挫折，增加服務的功力。

因為教書，我每星期必須通勤南北兩個城市，從台北捷運淡水站到台北車站，轉換高鐵到左營，再從左營搭高雄捷運到小港站，幾乎從最北坐到最南。這段頻繁通勤的過程中，我眼見許多高鐵與台鐵「有待改進的服務」，我冒著得罪人的風險，皆一一在本書中如實寫來。站在消費者的立場，我必須說，高鐵建造花了這麼多錢，消費者當然希望得到更多更好的服務；對於與庶民生活如此貼近，卻又一直問題頻傳的台鐵，我們更有「恨鐵不成鋼」的期待。

獲得米其林一顆星的鼎泰豐，提供員工三萬七千元的起薪，服務人員臉上總是笑嘻嘻的，打扮得體，對客人設想周到，每一位工作起來像隻快樂的小鳥，對自己的工作感到驕傲。有一次，我用完餐離開，在捷運站遇到鼎泰豐下班回家的員工，她們還主動跟我道晚安，這種下了班還繼續服務的態度，讓人心裡泛甜。

頂級款待：有錢人、一般人無區別

在四處工作和旅行過程中，我體驗東西方服務文化的不同，西方的服務員大多沒有自卑感，這是服務業工作者很重要的態度。對許多歐洲國家來說，只有「貴族」與「平民」之分，當你不是貴族，那就和其他人一樣，都是平民，三百六十行無分高下。在台灣學業成績好的孩子如果想選擇念「餐旅」系，恐怕家裡要起革命了。在萬般唯有讀書高的心態下，服務業一直予人「不會念書」「貪玩」「家貧」及「店小二」的觀感，面對二十一世紀全面服務業的世界，我們必須改變這樣的心態。

服務業界當然也要檢討。「哈巴狗」式的服務是一種僵化，讓消費者瞧不起；沒創意，只會遵守ＳＯＰ流程，也毫無靈魂與美感。因地制宜、貼心互動的服務才能打動人心。厲害的服務人員知道今天客人心情好不好，知道客人想喝什麼飲料，帶來的女伴是老婆還是小三……，我們期許服務人員不要只是「見人說人話，見鬼說鬼話」，而是滿足客人真正的需要。

最好的服務是服務人員有尊嚴、自信，並且做到「有錢人跟一般人都沒有感到區別」的地步，這是頂級的服務，是一種藝術，也是最難的地方。

我的上一本書《款待》描述星級旅館如何經營和提供服務，寫給旅館經營者、從業人員和對旅館有興趣的讀者。《好服務。壞服務》本書則把角度擴及生活層面：大眾運輸、餐館、主題遊樂園等，有許多旅行的所見所聞、講評及提醒，再次設定本書的讀者是「服務人員」、「消費者」及「經營者」。

我不斷鼓勵負責經營的老闆，服務業的業務能成長壯大，快樂的員工至為重要，給予員工經濟安全，讓他們有多餘的薪水、餘暇去消費、旅行，多一點機會去進修及成長，能增進業主和員工雙贏。我希望服務從業人員也了解，原來哪種服務是客人不喜歡的，客人在乎的又是哪些東西。

我同時想讓消費者進一步了解，在生活中遇到讓人不舒服的服務，可能是企業文化問題，可能員工訓練不夠或素質不好，或只是設計上的問題；提醒消費者，某些服務是不對的，該如何提出要求，但是得到好的服務時，也請不吝激賞、鼓勵。

在兩岸開放超過四分之一世紀後，大陸的各項硬體發展已逐漸超越台灣，台灣唯一領先的只有在服務的軟體上。身為多年服務業從業及教育人員，我心心念念於「服務」，以致於隨時隨地都「看見」服務的痕跡，二、三十年來盡量用相機、筆記，留存這些觀察，作為分享和建議。我衷心盼望台灣服務業在「先知」當中，更要努力當「先行」者，當我們的服務具有動人的精神靈魂時，才是再多金錢也買不走的優勢。

PART

1

以小搏大的服務

細微和少被注意的地方，正是決勝關鍵；

善用科技及設計，店家省力，顧客省時，服務更有效益。

scene 1

科技，始終來自人性

身為旅行愛好者，在旅途中，我不斷發現聰明利用科技可以提升服務效益，最基本的收穫，就是節省勞力。如果我們仔細觀察，更會發現，巧用科技的基本原則，始終來自人性。

我在日本從大阪搭火車去能登半島，候車時看到往金澤的雷鳥號（等同台灣的自強號）火車進站。清潔人員立刻上去清潔車廂，然後配合回程轉換座位方向。清潔人員一點也沒有因吃力而露出痛苦表情，只見他們優雅輕輕按鈕，藉著電動設備，車廂內所有座位就自動轉向。

台灣的台鐵和高鐵清潔人員做的事也差不多，卻沒辦法這麼輕鬆，完全得靠身體的力量對付沉重的機械座位，用人工一排一排翻轉，不僅工作人員容易受傷，整理也缺乏效率（圖1、2、3）。

別以為公家機關都落伍，有些也很懂運用科技。

我帶學生到維也納海外參訪，一行人經過市政廣場，剛好遇到垃圾車要開出公務區。

在台灣，為了防止一般民眾開車誤闖管制區，都會設柵欄或鐵鍊。當有公務車要進出時，值勤室人員會小跑步出來，移開柵欄或鐵鍊，等車子開進去後，再把柵欄搬回原位。

維也納市政廣場上也矗立著三根鐵柱。但是，當垃圾車開近時，沒見到服務人員揮汗跑出來，鐵柱就自動下降，直到沒入地上，車子進去後，鐵柱又緩

1. 台鐵座椅得用人工一排一排轉換座椅方向。

2. 高鐵也是用人工轉換座椅方向。

3. 日本從大阪到北陸的特急雷鳥號列車座椅，則是用按鈕輕鬆操控轉向。

4. 上海的路柱由人工搬動。

5. 神戶馬路上的路柱也是由人工搬動。

6. 維也納市政廣場則是遙控路柱，不用人工搬動。

緩上升（圖4、5、6）。

原來是借用遙控器這樣的小科技，讓司機在車上控制鐵柱升降，不僅節省人力和進出等待的時間，也讓管制區保持對行人開放，又讓這些服務顯得非常現代化而有尊嚴。

比起市政廣場，人潮繁忙的國際機場更需要運用科技提升效率。這一點，杜拜機場不遑多讓，就看檢查行李吧。

在台灣，過海關檢查隨身行李時，旅客要將手提行李及口袋裡的各種小東西統統放到塑膠檢查盤，檢查盤隨即放在輸送帶上，經過X光機檢查。如果一切沒問題，旅客拿走行李，海關人員再一個個把空的檢查盤集中堆放，以人工送回原來的地方，讓接下來的旅客使用。

杜拜機場就聰明多了，當X光機檢查結束，旅客拿走隨身行李，空的檢查盤會自動降到櫃檯下，由另一條輸送帶送回原處（圖7）。

海關人員不必利用眼角餘光注意檢查盤夠不夠用，還得趁空趕快搬幾個回去。專心檢查有無違禁物品，對飛航安全、旅客保障，不是更重要嗎？

7. 杜拜機場安檢的自動送盤裝置。

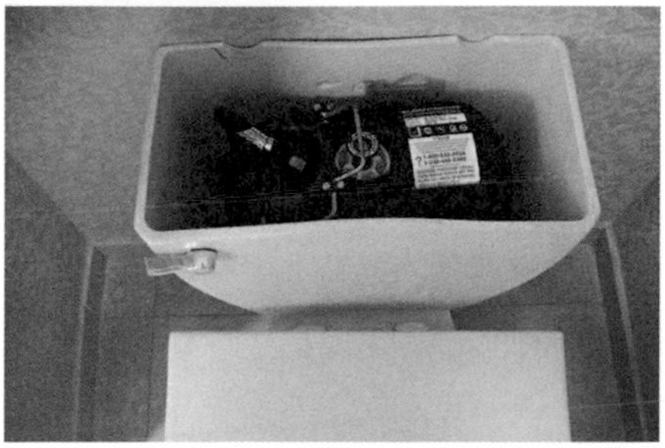

8. 拉斯維加斯蒙地卡羅飯店房間的馬桶是真空馬達，和飛機配備一樣。

相較於結果，多花一點錢增添科技產品，絕不吃虧，也顯得更smart。

有一次，我住在拉斯維加斯的蒙地卡羅（Monte Carlo）飯店，發現客房浴室的抽水馬桶竟然是真空馬達。飯店使用真空馬桶不常見，一般只有飛機、高鐵等交通工具會使用這種科技設備，以確保馬桶不阻塞（圖8）。

這家飯店的做法很聰明，真空抽水馬桶雖然價錢比較高，但是反過來思考，一般馬桶容易阻塞，一旦塞住，修理既麻煩又費時，修理期間房間也不能租給客人，賭場少了一個賭客的損失，絕對高過配備真空馬桶的成本。

用科技來節省時間、簡化流程，更讓消費者直接受益。

在歐洲旅行時，我到法國超市買水果招待學生。挑好水果裝袋後，左看右看卻找不到服務人員結帳，我只好站在原地觀察別人怎麼做。

終於，看到有顧客把買好的蔬果拿到一個機器前，我便跟著過去。這是一部自動秤重機，秤重機的螢幕上顯示各種蔬果圖案，顧客只要把水果放上秤台，按下螢幕上該水果的按鈕，機器就會跑出標示價錢的貼紙（圖9）。顧客再把貼紙貼在袋子上，到櫃檯結帳。

這還不稀奇，美國及英國的超市連結帳也是自動化。在一整排櫃檯中，有幾個自動結帳櫃檯，顧客把買的東西一樣樣刷過，然後自己過信用卡扣款，便完成結帳（圖10、11）。

在台灣超市，全靠人力秤重、結帳，雖然顧客買水果自己裝袋，卻得找服務人員秤重貼價錢，更得排隊等櫃檯結帳。如果用點科技，客人省時、店家省力，不是一舉兩得嗎？到底是商家不相信顧客？還是顧客的水平尚未達到被尊重的標準？

有些科技很簡單，卻妙用無窮。

9. 法國超市自助磅秤。

10. 倫敦超市的自動櫃檯。

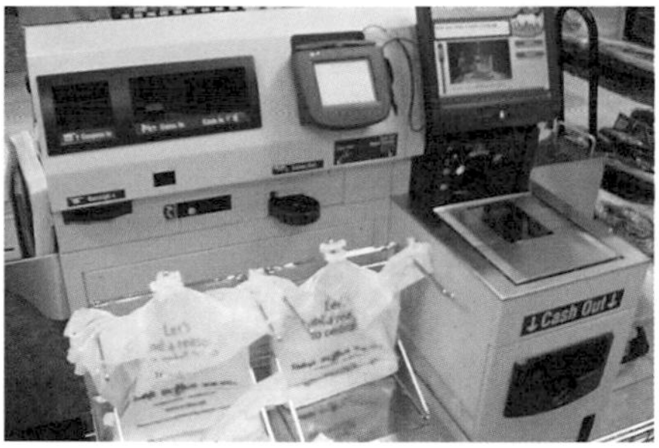

11. 美國超市的自動櫃檯。

在美國拉斯維加斯一家購物中心的美食街，我曾看到有個孩子打翻了可樂。清潔人員很快就出現了，他像變魔術一般，從後口袋掏出一樣東西，然後啪一聲，彈簧瞬間撐開，就是個「小心地板濕滑」的警示標誌（圖12）。

這魔術標誌方便了很多人，清潔人員不必再跑一趟清潔車或儲藏室拿警告標誌，旅客也不會在這個空檔滑倒。

這個標示還有一個聰明的地方，上面除了有文字，還有圖解，不論老弱婦孺、會不會英文，全都看得懂。

使用科技節省了人員服務的時間和精力，如何再利用？我認為如果全拿來增加產量、創造產值，最終會壓垮公司的服務品質。假設每增加一個小時，大部分企業會花四十五分鐘開發新顧客、用十五分鐘服務這些新顧客。但其實更好的分配方式是，用三十分鐘開發新顧客、十五分鐘服務新顧客，剩下的十五分鐘則分享給所有顧客，不論新舊，為他們的服務加值，才是更平衡的行為。

12. 能瞬間打開的彈簧警示牌。

scene 2

扶手要硬，握把要軟

許多大眾交通工具上，為了方便站立的旅客抓握，多會在椅背邊角設計握把或在上面做一個握柄，什麼材質最適合做握柄？座椅上的扶手，材質該是硬的或軟的？

很多人以為，座椅扶手應該是軟的、握把是硬的，因為旅客會一直靠著扶手，握把卻只是偶爾抓住。

實情剛好相反。

扶手應該是硬的，旅客的手臂只是輕靠在上面，但表面要光滑，因為靠置在上的手臂有時會前後滑動。握把卻是旅客在車子行進間要握緊的，材質要軟，但表面要粗糙以防滑。

台灣第一批高鐵車由走道要進車廂的開門按鈕，和牆面平貼，新一代的按鈕則稍微十五度斜出，按起來更省力更方便。不知道是台灣高鐵的要求或日本原廠升級？

以前坐火車時常看到一種驚險的畫面：車頂行李架上，旅客的行李箱隨著車子轉彎或煞車，前前後後來回移動，突然來一個大轉彎或煞車太猛，行李便從天而降，甚至砸在旅客頭上。

現在的火車行李架，邊緣多了一小條護欄，多了這一護欄，以前的天降大難不再出現。不過，可以更細心一點設計行李架，在邊緣拿行李的地方，應該順著行李被旅客取下時的弧度來降低或拿掉護欄，免得行李拿上拿下時被刮到。

日本羽田機場往東京的接駁車，則是多了一層網子保護客人的行李。當服

1. 台灣機場的接駁車行李艙沒有加護網，行李容易掉落。

2. 日本羽田機場的接駁車行李箱多了一層護網，防止行李散落。

務人員把行李都放進車下行李廂後，會先用網子把廂門口網住，再拉上門。這樣當車子開動後，即使因為路上的顛簸或轉彎，行李擠到門邊，打開行李廂門時，也不會掉出來（圖1、2）。

好的設計讓人和物都安全，不好的設計卻可能引人破壞。

我在台鐵的旅客車廂內，看到一個溫度控制器。控制列車溫度的責任在列車長，因此控制器應該設在車長室才對，即使非得放在每個車廂內，也應該設

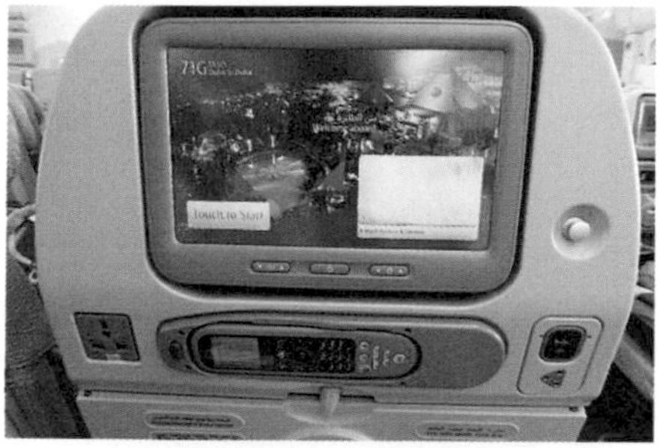

3. 飛機上將遙控器鑲在椅背後的貼心設計。

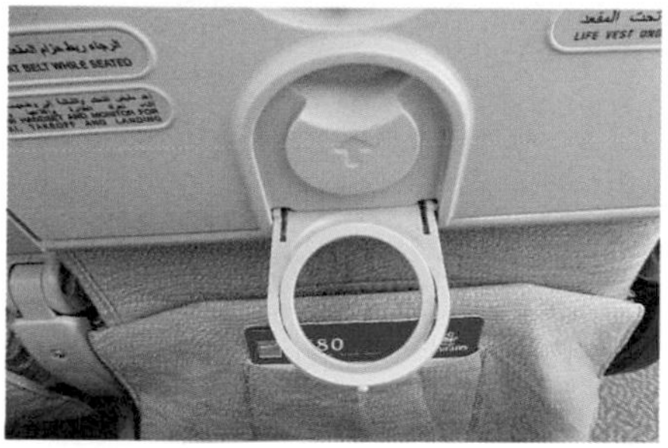

4. 客機椅背上的單杯飲料架，簡單小巧，不會妨礙旅客進出座位。

計在旅客不容易碰觸到的地方，否則不是讓旅客「依個人喜好而去調整溫度」嗎？

為了讓旅客在飛機上的小空間也能感到舒適，小到耳機插座或杯架，設計師都錙銖必較。

老式飛機的座位上，耳機插座都設在手臂前，耳機一插，長長的線就在旅客身上繞，很容易勾到手臂或衣服；新式飛機的耳機插座則放在前方椅背，解決了「勾勾纏」的困擾（圖3）。

有些飛機上，旅客要放杯飲料也得拉下前面的背板，一旦要進出就得一手拿飲料杯、一手掀背板，離了座位，再放下背板、放下杯子；現在，有些客機會在椅背上設計單杯的飲料杯架，簡單小巧，一點也不占空間，旅客進出座位不必再費事（圖4）。

scene 3

聽明標示引導人潮，擠而不亂

捷運站裡使用電梯的人各式各樣，雖然主要提供給老弱婦孺搭乘，一般旅客攜帶大件行李、工作人員也會使用。要怎麼讓旅客禮讓有需要的人，又不會亂成一團？

有些電梯前畫出兩道排隊區，一排給優先使用者、一排給一般旅客。優先次序清清楚楚，顏色、文字、圖像同時呈現，果然井井有條。

許多人進出捷運站還是走樓梯，但是究竟是右上左下或右下左上，雖然有慣例，但是，如果能夠畫線分道，為上、下樓梯的人標示方向，那麼即使在交通尖峰時間，旅客也不容易橫衝直撞（圖1）。

1. 北捷無左右分流的樓梯很多。

2. 忠孝新生站是少數有標明動線指引方向的北捷車站。

3. 日本地鐵在視線上指引分流。

4. 日本地鐵在地上標示指引分流。

在台北捷運人潮眾多的市府站沒有這種指引，只有劍潭捷運站、忠孝新生站的樓梯，在中間畫了線，不過，還可以做得更好一點（圖2）。

在日本的捷運站裡，上、下樓梯的路面兩邊不等寬，一次大量出站的寬、小量緩緩進站的窄，**因為下車人多，依據人潮多寡來分配路面，通行就會更順暢**（圖3、4）。

車站除了考量出入秩序之外，旅客行進間的安全也很重要。台灣捷運站裡的樓梯，扶手通常只有一邊，日本的樓梯則是兩邊都設有扶手，讓旅客可以抓得更牢。

香港的機場站還有一個必要的指引「meeting point」。meeting point 大大的標示在哪裡集合，遠遠就看得到（圖5）。往哪個方向，從樓梯到屋頂，到處都有箭頭清楚標示。這不是台灣為了方便旅客在車站裡什麼地方見面，而設的「集合點」；meeting point 是指發生意外天災危難時，旅客集合等候引導避難的地方。

在英國倫敦，高級住宅區的牆壁上，也標示了「meeting point」（圖6、7）。

5. 香港機場緊急集合地點標示。

6. 倫敦住宅區的緊急集合地標示。

7. 台北內湖一工廠的緊急集合地標示。

知道有這樣的地點，知道會有人引導去避難處，即使發生意外，不論路人或居民都比較不會恐慌，也減少人擠人跌倒、踐踏的慘劇。

台灣地小人稠地震多，卻少有災害 meeting point，果然是勇於冒險的民族。

scene 4

公告看板的啟示

要做好服務，不一定得花大錢，換個角度思考，就會對客人大有幫助。

氣象局預告颱風要來的前一天，我要坐高鐵回台北。站在購票機前，按了目的地、座位、人數、日期等資料後，最後選擇時段時，沒想到，螢幕上跑出一行字「該時段所有車次均無空位」。

原來我站了半天、按了一通，全都是白工？停班了？這樣浪費旅客的時間，實在令人懊惱，停班的訊息難道不能顯示在螢幕上？甚至更直接一點，取消停開的班次所有選購功能？

後來我才知道，這停班訊息寫在車站公告處。人類進入網路時代已經幾十年了，沒想到，有些大企業還活在古代，不懂得整合資訊和服務行為。

類似這種「自以為是」的服務，還真不少，幸好逐漸改善中。

高鐵列車座位前的椅背上，以前都會標示所有車廂的設備及車輛方向等，但是小小背板容納不下那麼多資訊，不論字或圖都縮得很小，實在看不清楚。

幸好，新列車上設計改善了。背板上只提供本車廂及前、後車廂裡的設備：洗手間、自動販賣機、滅火器等，資訊少了，字就大了，不僅旅客看得清楚，而且資訊也跟旅客比較相關（圖1）。一般旅客如果不是無聊，應該比較不會跑到幾個車廂外去晃盪吧？

許多車站的公告看板，常常把各種訊息混在一起，讓旅客看得眼花撩亂。就像一般旅客常見的火車時刻表，上面總是按車次號碼全部列在一起，幾點發車、幾點到站、經過哪裡，還有什麼時候開、什麼時候不開，資訊密密麻麻，字又小，很難找到自己要的資訊。

難得的，台鐵基隆車站的時刻表就太好用了，蕩模仿日本鐵路按發車時刻排列，旅客一看就知道自己該搭哪班車，而且發車的時間點還放大凸顯，實在體貼（圖2）。

想一想，哪個旅客在意的不是「我要搭幾點的車」？車次、地點都是次要的。

車站要公告的資訊當然不只列車時刻，還有和搭車無關的招標、修繕等，不同的資訊應該分開陳列，旅客每天用、經常用的，要設計得明顯，其餘的工整就好。

由此也可以進一步了解，**要有效溝通訊息，不能從提供者的角度出發，要**

從使用者的習慣思考。

很多飯店都可以讓旅客上網訂房，手指一按，無論哪家飯店的網頁，一跳出來的螢幕，就是要旅客先選入住時間，然後進入各種房型，秀出美麗的房間照片之後，才顯示定價。

可是，旅客決定住宿的考慮排序是這樣嗎？很多時候，是不是不耐煩的猛按「下一頁」，甚至瞪著搜尋圖示而皺眉？

國外有些旅遊平台提供聯合訂房，旅客進入網頁，第一個被問的問題便是：

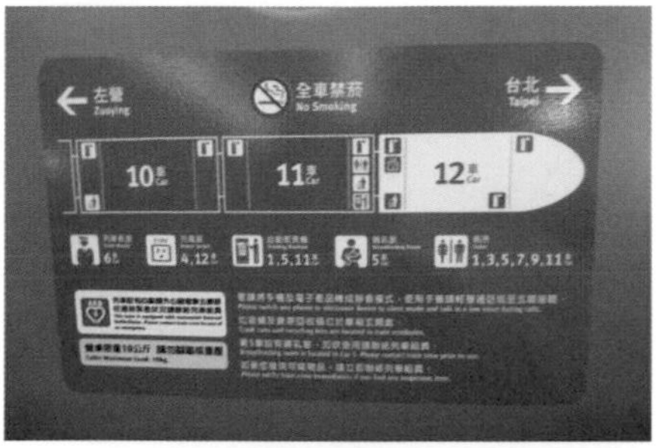

1. 高鐵新列車椅背板上的資訊。

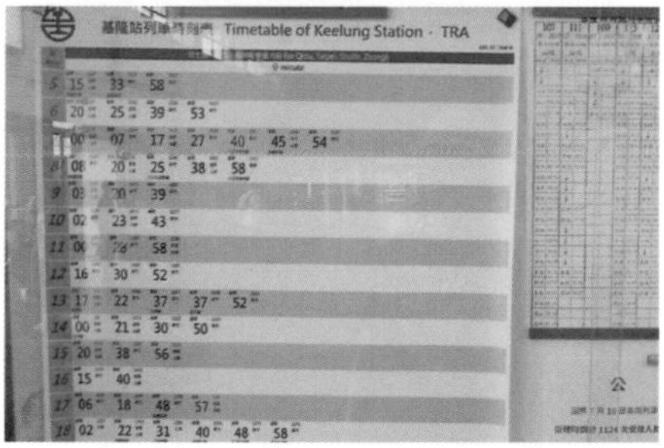

2. 台鐵基隆車站按發車時間排列的簡明時刻表，讓旅客一目了然。

你要多少錢的旅館？

價位是大部分旅客首先關心的問題，如果飯店訂房網頁的首頁就提供房價範圍，旅客一看就知道這飯店符不符合自己的預算。如果無法負擔，就不必浪費時間看下去，馬上另外再找；如果預算可以考慮，接下來，就是有空房的時間。這樣不是更便利旅客選擇？

scene 5

打動中小客戶消費，效益高過ＶＩＰ

我自稱自己的衣服都是「三折一身」。

並非我喜歡日本設計師三宅一生設計的衣服，而是買當季的衣服太貴，我又不趕流行，因此，我總是等過好幾季下殺到三折時，到店裡去，把喜歡的衣服一次全部買回來。

像我這樣忠實又熱情的顧客，應該是店家眼中的好顧客吧？奇怪的是，店家從來不曾在下三折時發簡訊通知我去血拼。

淡水難得有家百貨公司的零售部分歇業，樓上的餐廳卻還繼續經營，很多人不知道這訊息，餐廳生意跟著變差。有一次我帶家人去吃飯，看客人不多，我建議經理發簡訊給曾訂位來過的客人，告訴他們「我們還在營業，歡迎繼續來用餐」。結果，經理只驚訝的回答我，「那很多ㄟ！」

我無語望天。

大家經常收到和自己不相干的簡訊、e-mail，一般人通常看也不看就刪掉，有時候還覺得這家公司莫名其妙。

但是，給顧客有用、有效的資訊，顧客就會反過來注意你的動向、期待你的消息。

用點心在客戶資料庫上吧！

對一個只在大拍賣才消費的人，新衣上市就不要通知他。但是，對一個每年到日本賞櫻的人，提醒他今年花季哪一天開始、先預定機位，他就會感謝你。

瞄準「對」的顧客的方式，稱為標靶行銷（Precision Marketing）。企業只要善用資料庫，建立顧客服務分類及消費行為預測，然後發出和這些顧客相關的訊息。根據統計，每天全球寄出兩千九百億封電子郵件、張貼五億三千筆臉書內容、兩百萬個部落格發表新文，再加上報紙、雜誌、電視、廣播等廣告，顧客只能把這些訊息當垃圾看。

比起傳統砸錢亂槍打鳥的宣傳方式，標靶行銷省錢又有效果。提出這個理論的行銷顧問佐拉蒂（Sandra Zoratti），就在她的書中說明了效益：裴禮康保養公司（Perricone MD）有三分之一的潛在顧客增加消費，加拿大皇家卡尼寵物公司（Royal Canin Canada）的電子郵件，有八成被打開。

台灣不是沒有人提供這種服務，只是都針對所謂大咖的ＶＩＰ客人。

其實有金融業者做過研究發現，如果能打動中小客戶消費，他們的效益會比ＶＩＰ客戶更高。這個結論其實很有道理，想一想，為什麼信用貸款的利息高過房屋貸款，房屋貸款利息又高過企業聯貸？

信用貸款是小民申請的，房貸給中產階級，企業聯貸則是大集團的工具。小民的議價能力低，只要提供他可接受的服務，通常他就會買單。企業佔盡優勢，大客戶的消費額雖然高，他的選擇也很多，不怕沒有人做他的生意，因此比價、殺價，什麼都來。到底哪一種效益比較高，不言自明。

scene 6

垃圾桶也可以很智慧

生活中有些細微或很少被注意的地方，正是服務決勝負的關鍵。

小的例子如包裝的開口，有些塑膠袋裝的零食，在袋子上方鑿了半圓孔，還畫了虛線，暗示消費者從那邊撕就可以打開，可是台灣的食品包裝常常撕到一半就斷了，只好從另一頭再撕過來，撕得像被動物啃過似的，甚至最後還是得動用剪刀。照片中這個包裝就很好撕，輕輕用力就順利地沿線打開，吃起來很方便，即使出門在外沒工具，也可以優雅大飽口福（圖1、2）。

大的例如停車場。天母SOGO是高檔百貨公司，但是地下停車場沒有好的排風設計，夏天時，顧客還沒進到消費主戰場，就熱頭冒火。

君品飯店卻不同，停車場的指引做得很清楚，路面鋪上良好的艾波西漆，工程也做得平整細心，不僅防塵，顧客也好走（圖3）。

一般公司不會把錢花在顧客短暫停留的地方，可是這些場所，卻會影響顧

客的第一印象。

例如總機說話的聲音、等待接通的音樂、網頁設計，都是這種關鍵。

很多網頁的設計，是一旦使用者填錯某個資料，就得回到上一頁全部重填。現在有很多銀髮族使用電腦，他們的熟悉度不足，常常就要重填。企業應該在這些小地方設想補救辦法，例如：只要出現兩次錯誤，螢幕上就跳出來「你需要幫助嗎？」的訊息，然後提供真人服務。

垃圾桶看似微不足道，但是在公共場所的垃圾桶，卻是市容美觀的一大關

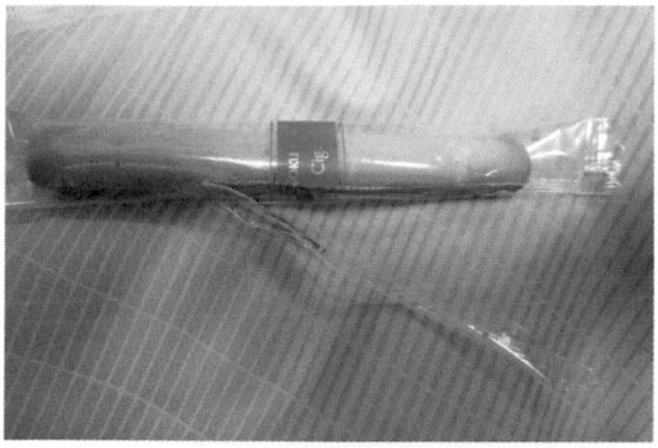

1. 可以一撕到底的日本蛋捲包裝。

2. 不好撕的包裝。

3. 君品飯店停車場指引清楚，路面平整，不僅防塵，客人也好走。

鍵，不少國家都願意花心思設計（圖4）。

香港機場的垃圾桶，不僅同時用顏色和形狀提醒旅客做垃圾分類，垃圾桶的正面和上面也同時有分類的標示。旅客要丟垃圾時，從遠處會看到正面的標示，但是當他走近時，視線已經在垃圾桶上面，如果上面沒有分類標示，恐怕他每丟一樣垃圾就得彎腰一次，確認自己到底有沒有丟對（圖5）。

巴黎的垃圾桶只有空架子，垃圾袋一套上就能使用，不僅節省材料，而且垃圾一滿立刻知道，清理也很方便（圖6）。

4. 走設計風的倫敦垃圾桶。

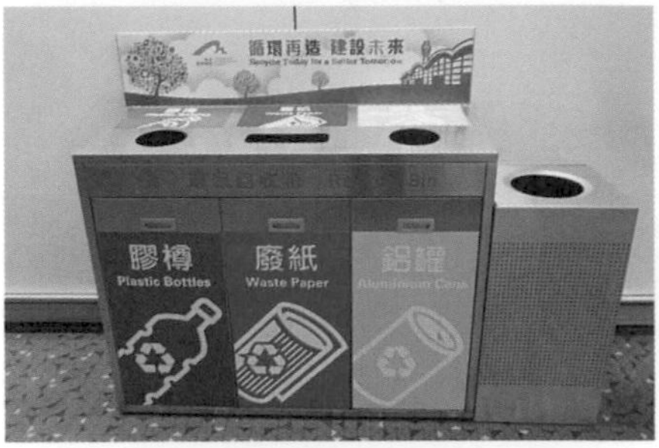

5. 香港垃圾桶上下都有清楚垃圾分類標示。

6. 巴黎街道上的透明垃圾桶。

更主動的是，與其讓人四處找垃圾桶，不如讓垃圾桶來找人。日本旅客魚貫下新幹線火車時，清潔人員就在下車處提供垃圾袋，讓他們丟隨身的垃圾。這樣，旅客不必提著大包小包的行李還要找垃圾桶，更別說會找不到垃圾桶而亂丟垃圾了（圖7、8）。

7. 日本客房內分類清楚的垃圾桶。

8. 日本新幹線的清潔人員在旅客下車時提供垃圾袋，主動服務。

同場加映

到底要投資什麼才能增強服務？

美國塔吉特百貨（Target），商品普通，但對顧客有做大數據（Big Data）研究，曾經根據研究推測，寄出嬰童產品及懷孕須知給一名女高中生，女孩的爸爸知道後，氣得打電話罵塔吉特百貨。百貨公司道歉並解釋：「據我們研究的消費資料，她應該是懷孕了。」過了兩個月，果真得知那名高中女生懷孕了。因為孕婦會隨著孕期而有特定商品需求，塔吉特百貨就是根據已有的資料蒐集，判斷這名女孩懷孕了，才會事先將她所需的商品寄給她。

企業需要了解顧客的真正需求。第一個該投資的是人員，其次是研發，最後才是設備。但台灣企業的做法經常相反。

不做研發，你的產品就跟別人一樣，沒有差異性、專屬性及特色，最後想要勝出，就會淪為價格戰爭。所以企業必須先研究市場需求，或想得更遠，也許是三、五年之後出現的產品，據此成立研究團隊，產品才有價值感。先有研發的人員，才能將產品定位，與顧客的需求磨合。

如何得知自己的投資是否正確，如何檢視？

有幾種方法，一是聘請顧問，顧問須具有深厚功力、有眼界、有專業知識、有很多生活經驗，可以洞察未來趨勢及改變，可以提供許多過往經驗值，可以提出設計上的錯誤。

我在擔任旅館顧問時，很多老闆都表達，他有一塊多大的地、視野有多漂亮，有多少資金、想蓋多大的旅館。

聽到這些資訊，我都會先請老闆坐下來，接著問他，有沒有設想你的客人是什麼樣子？是高矮胖瘦？是東方人西方人？他們來旅館做什麼？他們要住多久？待在房間時間多還是餐廳多？一定要先把客人的輪廓（profile）畫出來，才能設計旅館空間。

第二個方法，是把員工送去教育訓練，送去念企研所、念ＥＭＢＡ或短期的啟發性課程，增強中堅幹部或提升高階主管的視野（vision）、創意（innovation）、層次及技巧（skill）。

第三個方法是做產業觀摩，產業觀摩有兩種，一是觀摩同業，一是觀摩異業。在觀摩時最重要的是有專人在旁解釋，告訴你為什麼如此、那樣設計。我曾參觀奇美工廠，發現他們為了管理及工安，所有設備都編號，門也編號，電梯也編號，因為編號會更有效率傳達。

但不管哪一種方法，最重要的還是執行（execution），去做，才是最重要的。

PART

2

正中心坎的服務

服務人員的聰慧話語，

會讓原本沒有購買意願的客人不忍離去。

scene 7

一句話的力量，成敗一瞬間

夫妻一起逛街時，常常太太去試穿衣服，先生在一旁等得不耐煩，拚命催促：「好了沒？好了沒？」太太無奈之下，只得匆匆放下衣服離開。

怎麼辦？

較聰明的做法是，出動兩位服務人員，一位幫女士挑選衣服、協助試穿，另一位則和隨行的男士聊天，但這個負責聊天的人選可是有條件的——上年紀、長相普通。千萬別派年輕貌美的去討男士歡心，不然，本來想購物的女士便會心有旁騖，無心試看產品，最後乾脆丟下衣服抓著先生趕快跑。

如果只有一個人照顧店面，當女士在試衣間時，服務人員就要善用空檔，和陪伴同來的人說話，幫他打發無聊。

有一次我等著太太購物，其中一位服務人員便來跟我聊天。

她問我：「先生，你是畫家嗎？」

我說不是，問她為什麼這樣猜，她回答：「你的氣質很不同。」

我的心情頓時飛揚起來，開心哪！要我等多久都沒關係！

以前我曾幫雙B之一的汽車公司做員工教育訓練，為了了解對手公司，我便當臥底客人，去敵廠試車，體驗他們的服務。

新推出的車子很熱門，其中一次在高雄現場沒有車子可以試乘，服務人員便調用主管的車。試車時服務人員問我：「蘇先生，你是 doctor 嗎？」

這句話不見諂媚，卻很巧妙。前面「蘇先生」三個字用臺語，表現高雄在地的親切感，後面 doctor 卻用英語強調職業的高階。雖然他沒猜中，但是老師和醫師同樣是受尊崇的自由業，不能說他猜得離譜，而且這說法實在令人開心。

那個下午，試車走遍大街小巷，幾乎轉了高雄一圈。

當然，話說得不好，效果也一樣大，連主動上門的客人也會被攆走。

我們有個同事長得胖些，去逛百貨公司，逛進義大利知名服飾公司亞曼尼，沒想到，才進去，店員就告訴他：「我們沒有你可以穿的衣服。」

這個店員的應對實在差勁，買衣服只能為自己買嗎？即使是，即使真的沒有客人能穿的衣服，也應該委婉說明產品特色，然後推薦其他適合的品牌。

千萬別小看一句話，尤其在產品差異不大的產業，第一線服務人員的有智慧應對，能創造客人的黏著度。

淡水一信是淡水存款最多的金融機構，這家信用合作社的服務很好，不僅對客人主動奉茶，還會續杯。殺手絕招是服務人員很會「按奈」人。

以前我在淡水一信辦房貸，利率較高，所以只要存個三、五萬的小錢，我就去還款。這時候，服務人員總會閃著崇拜的眼神說：「蘇先生，你好會賺錢喔！」

一句話肯定了我的賺錢能力，而且從銀行員口中說出來，威力倍增。誰不喜歡被肯定呢？

以前我在台中的飯店工作時，也有一家小店深得我心。

我每天看三份報紙，早上，我總是固定繞路去某一家商店買。不是因為比較便宜，而是老闆找完錢都會加上由衷的敬佩：「你三大報都看，真有學問。」

在淡水，有個傳統柑仔店的歐吉桑更有「心機」，他用自己襯托別人的好。我同樣向他買三份報紙，他搖頭感嘆：「我整天一份都看不完，你看三份，好厲害。」

我去買豆漿總會自己帶塑膠袋。買得久了，有個服務人員便熟悉我的習慣，有一次她在忙別的事，換別人拿新袋來裝豆漿給我，她看到了便遠遠喊道：「他很環保，不用新塑膠袋。」

那一刻，我感覺自己頭上出現了神聖的光環。

scene 8

和客人對話不可怕，多一句問候

常搭高鐵的旅客，大概都對這兩句話耳熟能詳：「車票反過來」、「這邊也可以過」，千篇一律，多年不變。其實，上、下車時，全車旅客都會經過閘口，如果乘機加上一句溫馨的問候：「謝謝」、「再見」、「慢走」，不是一次感動最多人嗎？

高鐵是台灣人第一次擁有國際化的快速大量運輸，眾人對它期待很深，我自然也非常關注。

高鐵列車靠站時，第七車廂（有愛心座）附近通常會有一個服務人員，她雙手背在身後，左右觀察有沒有需要服務的人。把手背在身後，這是對的，顯得挺拔俐落有朝氣，符合高鐵走現代的風格，左看右看也能照顧到更多角落。

但是令人不解的是，高鐵多數站這個位置的服務人員，是一看到哪個方向有旅客靠近了，便將臉轉往另一個方向。許多服務員不願與客人近距離四目相交，其實只要點頭微笑就好了。

要和客人對話，沒這麼可怕。

首先，將自己的心情調整到和客人一致。如果他的表情嚴肅，你就不要露出笑容。

然後，視線和對方等高。如果客人坐著或是小孩子，你就蹲下來說話，免得讓他感到壓迫。

用對方聽得懂的語言來對話。客人說台語你就用台語回答，客人說國語你便說國語，萬一客人說台灣國語呢？你先用台語回，他繼續說台灣國語，你便改說國語，因為這表示他雖然說得不標準，卻習慣用他認為對的語言交談。

記得千萬不要學習對方的腔調。如果你的客人說新加坡英語，你要說標準英語，模仿他的「啦啦」腔調不會令他感到親切，反而讓他覺得你在嘲諷。同樣的，對說各種腔調語言的人也是如此。

在台灣如果遇到大陸人，打招呼時，應先說「早安」再說「早上好」，比直接說「早上好」更好；說早安，是讓他感受異地的風情，補一句早上好，是讓他有「有人知道我」的親切感。

在服務過程中，如果有需要客人配合的地方，也不必害怕對方生氣，告訴客人原因，通常都會獲得好的結果。

飛機上，坐在緊急逃生門附近的客人，常常會被空姐要求把行李放到上面行李箱，不能放在座椅下。

有些客人喜歡把輕便的行李放座位下，方便隨時拿取，因此直接聽到禁止語調的「先生這裡不可以擺行李」這個要求，一定會升起反抗的心。

可是如果先告訴客人，他的座位旁邊是緊急逃生門，萬一發生意外，旅客都要從這裡進出，再請他將行李放到上面的行李廂，大部分客人了解事情輕重，一定會樂意配合。

scene 9

讚美要具體，點出沒人注意之處

常對客人使用讚美和關懷的字句，通常不會犯錯。但是過多的讚美就會顯得太阿諛，反而令人不舒服。

我常聽到服務人員在客人消費完離開時，熱情的說：「我們都很喜歡你，要常來喔。」或者「你是我們最好的客人，以後請多帶朋友來！」

這些話不是不能說，但是聽起來很空洞，或很肉麻。

在一次談話中，讚美別人一到兩次即可，而且讚美的內容要具體，最高明的，便是點出別人沒注意到的地方。

我去演講的場合，常有讀者朋友激動地說：「我是你的粉絲，你的書我全都買了。」這種話讓人感受到說話人的心情，但是，然後呢？

如果有人告訴我：「你書中有一句話＊＊＊，我覺得很有道理。」我就會覺得很開心，因為這個讀者真正欣賞到我的價值。

這個提醒不在挑剔粉絲，而是以服務觀點來看出層次。現在的台灣人喜歡搞可愛來拉近人際關係，但是大量搞可愛也容易讓人反彈。凡事適度，才能收到真正的效果。

我有一次難忘的經驗。

長榮有個著名的 Hello Kitty 彩繪機，除了在機身上彩繪 Hello Kitty 之外，打開餐點，不論大人餐或兒童餐，都以模子壓成 Hello Kitty 形狀，餐具上也印著 Hello Kitty。

我因為行程關係湊巧搭上這班機去日本，這一餐，實在讓我食不下嚥。

第二代的 Hello Kitty 機，號稱機上有一百項服務用品都以 Hello Kitty 為主題做設計，包括頭墊紙、餐巾紙、紙杯、洗手乳、乳液，連空服人員也用特製的粉紅色圍裙。

問題是，搭乘 Hello Kitty 機的客人各式各樣，除了小女孩或 Hello kitty 粉絲，還有商務客、度假者……，不能用唯一選擇來對待所有人。雖然說人人有童心，但是提供一點可愛的元素是溫馨，過多了，反而不細膩（圖1）。

台灣這種無限制搞可愛的現象，非常氾濫，尤其表現在說話上。不管販賣店、餐廳或銀行，服務人員總愛在語尾詞加上「喔！」

有時候加個「喔」，的確有軟化語言的效果，但是不管對象、不論內容都這樣做，是大家一起幼稚了嗎？

1. 雖說是Hello Kitty彩繪機，但連大人的餐點、餐具都是 Hello Kitty，未必人人喜歡。

2. 服務人員不自然的動作，顯得制式和刻意，其實讓服務人員自在展現自己，會更好。

3. 服務人員在前台時，不能聊天，否則容易失去對客人的察覺性，客人很難得到好服務。

在服務過程中，很多企業都會要求員工擺出一定的儀態，以示禮貌。嘴角微翹十五度，雙手交叉放在腹前，這是最好的歡迎姿勢？不，這是胃痛、胃潰瘍的反應。這些做法，我稱為「假服務」（圖2）。**好的服務不應該只有制式，更不必擺出不自然的動作，因為行為刻意了，心理就容易跟著作假。一般說來，雙手自然下垂就好，讓服務人員自在展現自己更好。**

但是有一點要注意，服務人員在前台時，即使沒事也不要聊天。聊天會失去對客人的察覺性外，員工也會下意識討厭打斷自己聊天的人，這時候如果客人上門，就很難得到好服務。在這種情況下，主管可以彈性安排時間，讓沒事的人輪流到後台休息，好好去聊天，留必要的人在現場。客人來了，才有自然親切的服務（圖3）。

scene 10

拿捏親疏遠近，是客製化的關鍵

接待客人或客戶，不論歡迎或感謝，都要恰如其分。

例如有司機送的人，可能要列隊歡迎；自己走進來的，提醒門房迎接即可。一般說來，大部分的歡迎中，拉紅布條就太過了，現在有很多餐廳或學校用跑馬燈，但是也不要只放「歡迎＊＊＊先生蒞臨指導」，這樣顯得制式而虛假，最好具體一點，例如「歡迎暢銷書作家＊＊＊蒞臨演講」。

有個單位為了感謝我的演講，便用我的名字特別製作一本月曆送給我。這份月曆的確很特別，每個月份以一張圖為主，可能是風景、商品或某種場合，看著我的名字「蘇國垚」三個字，被大大的鑲在金幣、路標、跑道、沙雕上，我全身起雞皮疙瘩（見圖）。

如果我是一國總統，這樣的禮貌可能不足為怪，可惜我不是。並不是每個人都喜歡過顯的服務。

另一方面，則是要衡量彼此的關係，表現適合的行為。

我曾經第一次到某個公家單位演講，演講完，突然有人捧著蛋糕出來為我慶生。這是他們的好意，不能苛責，但是老實說，我覺得有點突兀，因為這些都是初認識的人，我為什麼要和他們一起慶祝我的生日？簡單道賀「生日快樂」就很窩心了。

高雄餐旅大學曾經有個越南班，我帶這個班時，常和學生混在一起，他們遇到問題也會找我協助，學生訂蛋糕並在教室地板點蠟燭，為我慶生，便讓我感到開心而溫暖。

某單位送我每一頁都有我名字的月曆。

這兩者的差別，可以用馬斯洛（Maslow）的需求層次理論來說明。馬斯洛認為，人有五個層次的需求「生理需求、安全、歸屬、尊榮與自我實現」，這五層次會漸次往上需求。人際互動也是如此，如果彼此之間沒有生活中的依存、照顧、鼓勵，而只有給對方最上層的尊榮，這效果很快就會因為沒有該有的基礎摔落。

不論什麼樣的關心形式，內容和行為都要有意義，才能合宜的連結關係。

假設你生日時收到簡訊：「蘇先生，生日快樂！小陳眼鏡。」你可能會覺得突兀——我生日和他有什麼關係，我只是曾經在那裡買過眼鏡。

但如果是這樣的簡訊，就不同了：「蘇先生，生日快樂！本月壽星太陽眼鏡八折優惠。小陳眼鏡。」你會不會覺得這個祝福和你比較有關連，並且開心獲得這份禮物？

scene 11

不要關心過度，別把客人當白癡

許多餐廳做點餐服務時，常看到客人一語不發盯著菜單，或嘰嘰喳喳來回討論，服務人員則不耐煩站在一旁等，不時敲著點菜單。這些餐廳以為服務人員必須一直待在客人旁邊，才是好服務嗎？

客人點菜本來就需要花時間，尤其是到不熟悉的餐廳或招待不熟識的客人，更會彼此討論。餐廳在設計這段服務流程時，應該讓服務人員送菜單、介紹菜色後先離開，適當時間後再回來點菜，這樣不會讓客人有壓力，服務人員也能有效率的做其他事。

客人用餐時，有服務人員經過，常會拿起點菜單看一下，然後「趴」一聲放回桌面，問：「菜都上了？」或「還有＊＊沒上，等一下就來。」

其實這麼做很打擾客人用餐。要確認菜是否上齊有很多好方法，最簡單的，就是**點菜單不要放在客人用餐的桌上，放到一旁，方便服務人員拿取，而且只要一個服務人員負責確認就好，不要誰經過都熱心檢查一下**。我的經驗，最高紀錄有五位服務人員分次檢查我這桌的點菜單，但卻無一位關心我們吃得好不好。

有些服務看似關心客人，但是過度了，便是把客人當白痴。

台灣有一家很有名的連鎖餐廳，非常講究服務。有一次我和朋友去用餐，點了排餐，上牛排之後，服務人員照例介紹哪裡的肉、什麼做法之後問我，「要不要幫你切？」

我聽了愣了一下，這樣過度的服務，很像把客人當小孩或行動不方便的老人。按理說越少接觸客人的餐具及食物，是最衛生、最理想的。

許多車站的廣播，也是頻繁到過度。

車站似乎很擔心旅客錯過任何訊息，站內的對客廣播，就像學校的上課鐘一樣，時間一到就廣播。不論要提醒旅客什麼，都應該針對實際狀況、有當下需要，再向大家廣播，否則不就等同噪音？

越文明的社會，廣播越少，音量越低。在細緻服務的層次上，大家可以多觀察體會這個現象。

scene 12

真誠服務，更要自然展現

所有的服務技巧中，真誠最重要。

我長期參與輔導台東的民宿，有一次，帶著若干新人老闆去觀摩他鄉的民宿，中午來到當地知名的餐廳用餐，竟然是我學生家開的。學生的母親看到我非常開心，很熱情歡迎，送十斤有機米給我。雖然我還要去別的地方，帶著米實在不方便，但是這麼真誠的心意，我還是開開心心收下，再麻煩也覺得甜蜜。

二〇一三年雲門舞集慶祝創團四十週年，林懷民先生帶舞者在台東池上的稻浪間演出《稻禾》，獲得無數讚賞。頭一天演出結束，林先生辦桌感謝農民及參與的人員，還一一唱名致謝。

我只是幫個小忙，和一些朋友一起在席上吃飯，配的酒是台灣葡萄酒。

沒想到，席宴有個工作人員是我學校的學生，他看到我，便悄悄送上一瓶法國葡萄酒，讓我備感尊榮。真誠的一瓶酒，比被唱名還得意，因為全場只有我有，連蔣勳老師看到了都問：「你怎麼有？」

服務，是發自內心的分享和想讓對方愉快，但一旦有了對價之心，便容易弄巧成拙。

我在亞都麗緻飯店服務時，有個主管總是自認聰明。在例行晨會中，有一天，他很得意報告：「我昨天巡店，遇到三位貴婦來餐廳用餐，正巧聽到其中有人生日，我就去祝她們『生日快樂』，告訴她們等一下飯店會送上生日蛋糕。」

平常我不太把他的態度放在心上，這次我忍不住說出口：「你浪費了最好的服務機會！」

這位同事急著贏得客人讚賞，反而糟蹋自己的美意。想一想，如果在客人用餐後悄悄送上蛋糕，為她唱「生日快樂」歌，想想客人會有多驚喜？

真誠的服務，會在各種時刻「自然」出現，不論忙碌、悠閒或上下班，也不論人前人後、是否會獲得客人的回報。

我到鼎泰豐用餐將近三十年，它稱得上台灣餐飲業的典範，服務尤其令人津津樂道。

在我的長期觀察中，他們服務客人大多出自真誠，有幾個「證據」。

有一天，我和朋友工作到很晚還沒吃飯，便打算在捷運站旁解決，我們去了天母SOGO百貨裡的鼎泰豐。那時候已接近打烊時間，店裡沒有其他客人，但是每個服務人員，不論帶客、點菜或上餐，都是笑咪咪的。結帳找錢時，也如往常一般，找的錢都是乾淨整齊的新錢，讓人看了就舒服。

吃飽飯，我們步行到芝山捷運站，等待搭車回家。遠遠的，來了兩個女孩也來搭捷運，她們含笑點頭，主動和我們打招呼，原來是剛才鼎泰豐的服務人員。下了班還同樣微笑待人，可見她們服務時的笑容，也不是假裝的。

亞洲的區域型航空公司中，我和幾位同行一向認為港龍航空的服務首屈一指。

有一年我從台北到武漢，先從台北搭國泰班機到香港轉搭港龍去武漢，中間得在香港轉機。這是很早的班機，我在貴賓室吃過早餐，上了飛機，正是機上的早餐時間，空姐又送來早餐，我勉強吃了些。到香港轉搭港龍起飛後，空服員又送來早餐，我隨意吃了水果、優格，開始玩起剩餘的水晶餃。

一位空姐看了，主動問我：「蘇先生，不合你口味嗎？」不等我回答，她立即想幫我解決問題，「換蛋好嗎？」

我說：「不用了，這是我的第三個早餐。」

她親切回應：「蘇先生，你辛苦了。」

一個人吃了三個早餐，表示很早起而且轉了很多次飛機，話裡的同理心和關懷，令人慰貼。

過了一陣子，我無聊玩起座位，降平、拉起，試試靈敏度。同一位空服員走過來幫我關窗戶，她以為我想睡覺，我說不是，是無聊得試椅子。於是，她想了辦法——在非購物時間，推來免稅商品讓我選購。

到武漢機場下機搭上接駁車，看到另一位空服員從飛機上飛快跑下樓梯，手上提著一個電腦袋，登上第一輛接駁車廂看了看，再登上第二輛接駁車找到原主遞上電腦，這一幕着實令人感動。

其實，如果這位空服員不這麼積極，客人也不會見怪。但是想到未帶電腦的客人可能的焦急，感同身受主動解決，便是服務的真諦了。

同場加映

從事服務業需要什麼特質？

要有主動幫助別人的「雞婆」個性、要有樂意合作的團隊精神，還有對世界的熱情。這不是唱高調，如果對非洲難民的窮困饑荒沒有憐憫、如果喝牛奶時沒有想起被搶走食物的小牛，這樣的人通常不會關心陌生人，而服務業要關心、要服務的對象，大半都是陌生人。

另外，還要有不怕重複做瑣事的耐性。服務業雖然常常面對不同的人，外表看起來也光鮮亮麗，但是這一行的工作大概有九八％的事是千篇一律的，穿得漂漂亮亮的同時，也可能要蹲在廁所刷馬桶，或者盯著螢幕不斷轉接電話。我就曾經在飯店裡說多了「亞都飯店你好，很高興為你服務，敝姓蘇」，有幾次在家裡接電話，我也脫口而出這樣說。

擁有這些特質的員工不好找，不過即使難以完美，至少要找到不排斥做這些事的人，甚至為了錢願意這樣做的人。大家都說「生意了」（台語）難生，其實「服務子」更難生，因為服務是違背人類本性的事，絕大部分人都喜歡舒舒服服被伺候，不是嗎？

但是如果能找到「服務子」，他就能影響企業裡的人，進而成為提升服務的一股力量。

領導人要懂得珍惜優秀的員工，不僅要關懷、肯定，還要有符合他個性的培養計畫。

員工通常可以分成兩種：一種是喜歡浸淫在專業裡，不斷自我提升。一種是有領導能力，願意帶領團隊實現目標的人。對於前者，不要強迫他升管理職，而是要肯定他，幫助他提升專業能力。第二種員工，就要提升他的領導力，適時升遷、輪調部門，幫助他成為優秀主管。

什麼是好的領導風格？

以我的經驗來看，好的領導，不在於掌握各種管理數據，而是要對員工以身作則。尤其有幾個「不」：

不要態度前後不一。在服務過程中，難免會遇到對我們不滿意的人，領導人不能在客人面前客氣有禮，回頭卻不屑地罵起「什麼奧客，以後別來」之類的話，雖然人難免生氣，但是員工不理解你只是發洩情緒，就會造成價值混亂。

不要只出一張嘴。看到同事忙得不可開交時、苦惱於問題時，領導人要實際動手幫忙解決。譬如看到客人大排長龍，就幫忙維持秩序，禮貌安撫客人排隊等待，不要乾站在那裡催促員工動作快。

不要製造緊張。在急迫或混亂的時刻，領導人要從容不迫，指揮所有人各就職責，完成任務。現在的領導人常反過來在現場究責罵人，不僅讓每個員工都緊張兮兮，更是縮手縮腳不敢做事。

激勵，是讓員工自動自發最好的管理方法。

服務業中許多公司為了激勵員工表現，常會票選最佳員工或進行部門比賽，這些活動都很好，但是做多了浮濫，就需要活潑的創意，才能真正達到鼓勵的目的。

有一年星巴克大中華區年會表揚最佳員工，得主上台後，公司請來神祕嘉賓為他頒獎，這神祕嘉賓不是公司老闆或社會賢達，而是得主從四川飛過來的父母，講台上，得獎人和家人激動得痛哭流涕，台下眾人也都很感動。

這樣的激勵，獎賞了當事人，也拉近了員工眷屬的心，實在很聰明。

我有個會計師朋友，曾經引用孔子思想來分析激勵員工的訣竅。〈禮記・大學〉有一句「君子賢其賢而親其親，小人樂其樂而利其利」，就是很好的提醒。很多公司用獎金、分紅、旅遊等方式獎勵員工，但是利益太多、享樂太多，效果會遞減，員工也會成為貪婪的人。相反的，提升員工的精神和心靈層次，或者讓他有機會親近他想親近的人，都是長遠而正面的方法。

管理合作夥伴也可以用這種觀點，給他合理利潤，讓他感覺和你唇齒相依，他就會幫你。

PART

3

接軌式的服務

接軌式的服務要連結客人的心情，
還要預先滿足客人的需求。

scene 13

閒聊，和客人的心情連結

我在民生西路馬偕醫院附近的麥當勞吃早餐，看到負責清潔的服務人員正跟一位老先生打招呼：「伯伯又來了，今天掛幾號？」

「六十五號，這次比較晚。」

「那你在這邊坐久一點再過去！」

老人家開心說：「不用了，過去那邊等比較安心。」

有個假日早晨，我到石牌星巴克點飲料等人，不少人排隊等點餐，我前面有個客人拿出隨身杯給櫃檯人員。櫃檯的服務小姐很親切問：「還是大杯拿鐵嗎？」

看起來是常來的熟客，客人說：「是。」

櫃檯人員緊接著說：「你要去榮總看爸爸嗎？」

問候話裡包含的理解和關心，慰藉了客人，也讓客人感受到自己的獨特性，這樣和客人的心情連結，便是接軌式服務。

朋友是台北新光三越GB鮮釀餐廳（Gordon Biersch）的總經理，一直要我去嘗嘗。磨不過他的耐性，我便找了時間和朋友悄悄去了。

一進餐廳，帶位的服務人員便問：「兩位用餐嗎？」不錯，已經數過人數，沒有問笨問題：「請問有幾位？」

然後，手指著兩個方位：「要坐這邊或那邊？」

一般餐廳都是領檯帶客人去安排的座位，而客人卻雙眼盯著自己想坐的座位。像這樣讓客人有一定的選擇，不僅照顧餐廳的服務人力，也能尊重客人的偏好。

我們指了想去的位置，服務人員走在前面引導，並且不時回頭看我們跟上了沒。等我們坐下了，他便傳遞接下來的訊息，介紹下一位服務人員給我們，「我的同事Ivy會來點菜。」

有些餐廳模仿別人的服務卻不問究竟，因而學得四不像，我曾經去過一家餐廳，服務人員帶我們入座後，很鄭重的自我介紹：「我叫Apple」，然後貼心地將名字寫在紙桌巾上，以免客人聽不清楚是Apple或April，可是之後他就沒再出現，不知道為何要留下名字。

沒多久，Ivy出現了。

一個可愛的女生跳了出來，活力充沛自我介紹：「我是Ivy。」她介紹餐點，上菜後又來關心我們吃得如何。剩下一兩片披薩吃不完，我們說要打包帶走，她便整理好，將袋子交給我。

食物不錯，服務也到位，我們滿意地離開，沒想到，服務還在延續。

回到家，老婆埋頭看電視，女兒躲在房間裡做功課。

「爸爸回來了！」我敲女兒房門問她：「要不要吃披薩，爸爸幫你熱？」

滿腔熱情終於換來兩個字：「喔，好。」我轉到廚房，打開袋子準備把食物放到微波爐，裝披薩的紙盒上寫著「要加熱才好吃嘛！Ivy」（圖1）

我在廚房裡特別能感受到這份關心，頓時Ivy那熱情的臉龐又浮現在眼前。

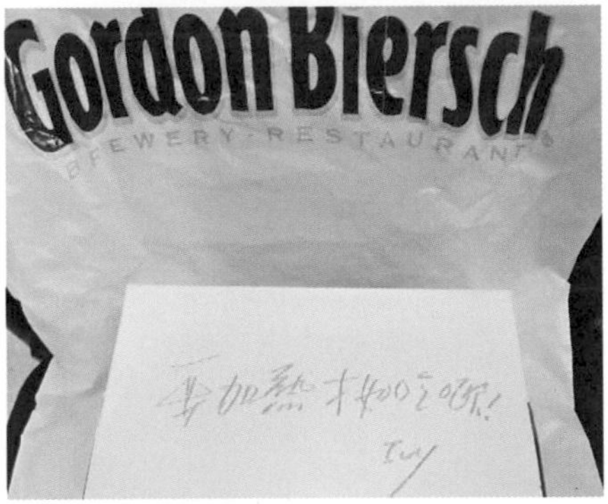

1. 在打包的披薩盒上看到這行字，真的可以感受到服務員 Ivy 的關心。

scene 14

預先滿足客人接下來的需求

二〇一三年，參加觀光局的海外菁英訓練營，途中到美國底特律機場轉機飛奧蘭多去迪士尼世界，底特律機場的載客量是全美前二十大之一，一年有三千三百萬來自世界各地的人在這裡搭機、下機、轉機。

不管旅客來自哪裡，飛來飛去，很容易忽略時差。

底特律機場每半小時就以英文、西班牙文、日文及中文廣播提醒客人：「這是美東時間，請大家對時。」

從空橋出來的指標也使用多種文字，除了有固定的英文和西班牙文之外，其餘的則依抵達班機來自何處，按該處旅客習慣使用的文字，轉換指標。也就是說，如果接下來抵達的班機來自台北、東京、杜拜，指標立刻換成中文、日文和阿拉伯文（圖1）。

接軌式的服務要連結客人的心情，還要主動滿足客人的需求。

很多機場都會以跑馬燈告知班機的行李轉盤在哪裡，讓旅客去領行李。香港機場更貼心，進一步告訴旅客，行李正在運送中、已到或全到了。

如果還在運送中，旅客可以耐心等待行李，如果你到了轉盤區發現空無一物，指示牌上又顯示「行李全到」，那麼，就能趁早去掛失（圖2）。

生活中各種領域的服務，都可以做到這種接軌。

作家王文華曾經在文章中，分享他在新加坡的購物經驗。

新加坡的氣候四季皆夏，因此，王文華只帶了夏天的短袖衣服，沒想到飯店會議室裡的冷氣很強，會議午間休息，王文華立刻到附近購物中心買衣服。

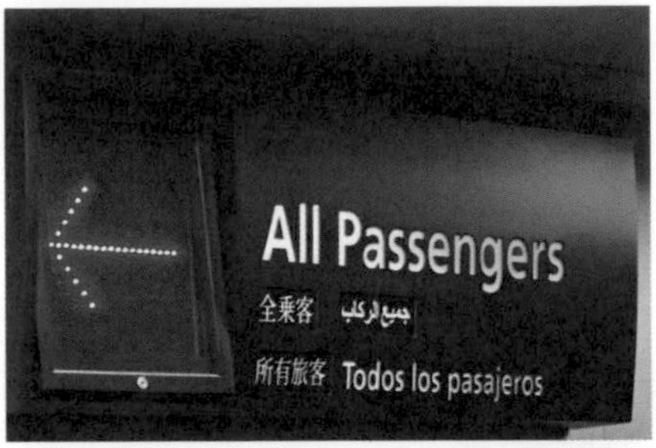

1. 底特律機場與班機連結的指標使用多種文字，讓各國旅客不迷路。

2. 香港機場更貼心，進一步告訴旅客，行李正在運送中、已到或全到了。

一位可愛的服務員帶王文華挑衣服，他挑了一件夾克，服務員接著問他要不要搭配褲子，被他拒絕了。

沒想到結帳時，這位店員仍然細心叮嚀他：「洗夾克的時候，要把衣服內外翻轉過來喔。」

王文華稱讚這種「被拒絕仍然溫柔」的態度，是完美的銷售技巧，讓他隔天會議結束後，還是去買了那條自己不需要的褲子。但是，我從服務的角度來看，那句叮嚀，接軌了消費者接下來的需求，更是厲害。很多人不知道衣服第一次洗要內外翻轉吧？

不論旅行到哪個國家，許多人早上都會出門跑步。貼心的飯店總會在客人回來，一進大廳時，便立刻遞上毛巾讓客人擦汗，免得吹了冷氣著涼，並備有礦泉水，讓客人補充水分。七、八年前的上海四季、東京四季，就這麼做了（圖3）。

這是3C的時代，消費者也因此衍伸出許多3C的相關需求，有多少旅館注

3. 東京四季飯店貼心為晨跑回來的客人在門口準備水和毛巾。

意到？

大家在生活中習慣用各種電器用品，即使旅行時，也是隨身攜帶筆電、手機、相機、行動電源……，充電便是必要的需求。在美國某家飯店客房書桌的檯燈底座，設有兩個插座，引起我的好奇心，檢查整個客房，為了方便客人，房間裡足足設了二十一個插座，旅客住進來後，不必傷腦筋要拔電視的插頭或拔立燈的插頭，再多需要，插頭也夠用。台灣大部分的旅館是小氣的怕耗電，而僅設有少數的插座供客使用。

有很多機場已經懂得在座位的椅腳上設插座，讓旅客在候機時可以使用電腦或充電。不過，這些座位通常七、八個一排，甚至更多，插座卻只設在最靠邊的那一把椅子，坐在中間的人就只好委屈了。美國洛杉磯國際機場貼心多了，中間椅子的椅腳下也有插座，不論旅客坐哪裡都方便（圖4）。

還有更進步的是，在飛機上，ＵＳＢ插座也出現了。

4. 美國洛杉磯機場插座設在椅腳下，不論旅客坐哪裡都方便。

scene 15

會讀人，服務直達人心

請外國朋友吃飯得花心思，選的餐廳要能表現台灣文化的質感，又能讓外國人一嘗道地的口味，而且不能是每個外國人都知道的那幾家餐廳，否則就顯得我們做主人太通俗了。

大年初四晚上，我們帶著外國朋友來到一〇一的八十五樓。

二樓入口通往高層的三間餐廳：頂鮮一〇一、欣葉一〇一食藝軒、隨意鳥地方。頂鮮一〇一是台南擔仔麵成立的品牌，提供中餐西吃的高檔海鮮料理，裝潢也偏向奢華。欣葉一〇一是知名的台菜料理，設計走現代化中帶著中式傳統風。隨意鳥地方則是完全洋風的義大利菜。

在二樓梯廳，看到一個招待站在梯廊中間，殷勤的問所有客人：「你好，哪個餐廳？」如果是去他服務的餐廳，他便接著問：「訂位沒？」

這個服務人員看起來積極，做的卻是無益的事。

好的服務應該和客人的心情、需求接軌。

在特別的年節，應該先問候客人「新年快樂」，而不是天天都適用的「你好」。

然後，觀察客人的年紀、穿著、說話，判斷他要到哪個餐廳，直接問他是不是去那個餐廳。就像我們帶著外國人，通常不會去「隨意鳥地方」，我們的穿著時尚卻不貴氣，也不應該是愛吃「頂鮮一〇一」那種高檔海鮮的傳統饕客，因此，「識相」一點，就應該招呼我們：「新年快樂，到欣葉嗎？」

這是苛求嗎？其實每個做服務的人都要懂得讀人，服務才會直達人心。從神色、穿著、說話、到達的時間，就能判斷他們是急客或慢客、是新來或熟客、是需要多服務或少服務。例如早、晚班飛機的客人需要睡眠，就不要拚命上茶、上點心。第一次搭飛機的客人通常興致勃勃，可以多和他們聊天。熱戀情侶一起吃飯，千萬不要打擾；如果是老夫老妻，一個看別桌的美食、一個看別桌的美女，就要多多服務免得他們無聊。

即使同一個客人，在不同場合、有無旅伴，都會有不同的需求。

多年前飯店有位客人陳先生，因為工作經常搭飛機到各國，因此在航空公司累積了許多旅程。休假時，陳先生便帶妻子來台灣旅行，公辦後想帶太太去墾丁玩，他告訴太太自己沒去過墾丁，太太欣然陪同，於是兩人訂了彼時墾丁某家大飯店。

這家飯店是台灣頂級的休閒飯店，有海景、有花園，各種設施都很高檔。行李一放，他們便逛起了飯店，來到游泳池時，救生員禮貌地抬頭跟他們打招呼：「陳先生，你好。」

陳太太臉色一變：「你不是說你沒來過？」說完，她衝回房間，立刻就要收拾行李打道回府。

陳先生拚命解釋自己真的沒來過，太太始終不相信。他只好勸說：「你再給我一次機會，我去問問他為什麼認識我。」

太太終於答應，陳先生馬上飛奔游泳池，問救生員，「你怎麼認識我？」

救生員微笑說：「我之前在台北的飯店，服務過你。」真是好險，差點鬧出家庭糾紛。

scene 16

對客人毫無興趣，如何讀人？

讀懂人不難，用心就做得到，就像海鷗飛到大海去抓魚，好不容易叼著小魚衝回岸上餵小海鷗時，岸上成千上百隻小海鷗，牠們怎麼找到自己的孩子？沒問題，有愛心、有用心，就是找得到。

亞都麗緻飯店有一位以讀人聞名的門衛老吳，現在已經退休了。他還在亞都服務時，有一年，台中永豐棧麗緻有同事帶孩子到台北玩，住在亞都，徹徹底底領教了老吳的本事。

這位同事雖然久聞老吳名聲，但是始終半信半疑。不過，她要帶兒子去木柵動物園，還是問了老吳怎麼去。

這太容易了。但是老吳說了車班和路線之後，特地提醒她：「不要被扒了！」

同事沒放在心裡，帶著孩子高高興興去玩。後來，果然，她被扒了。

老吳又沒有通天之術，怎麼知道她會被扒？用心觀察，動腦思考，答案自然信手拈來。

這位同事那天有點粗線條，包包是半開著，自己一個大人帶小孩，手忙腳亂，還要在陌生的地方搭公車，這不是在跟小偷說「歡迎來扒我」嗎？

可惜，很多年輕的服務人員平白放棄讀人的練習機會。

看看飯店的門僮，懶洋洋靠在門上，出聲喊「歡迎光臨」卻無眼神接觸，未帶笑容，對客人一點興趣也沒有（圖1）。速食店的點餐人員，點完餐後只是推開餐盤到另一邊，看著客人卻默不吭聲，好像把人打發掉了就好，和自己一點也無關（圖2）。

我去大陸出差，忙完正事後，朋友邀我們去高檔餐廳用餐。看似美麗聰穎的領檯小姐在前面領路帶我們到包廂，她一往直前，左轉、右轉，繼續往前，這一路走了近兩分鐘，她完全沒放慢速度，也沒回頭看看我們，更別說和我們互動。

很多行業和客人接觸的時間只有短短一分鐘，這家餐廳的服務人員奢侈得擁有這麼長的時間，客人還無所遁逃，她卻沒把握機會觀察客人，和客人互動聊天來印證自己的判斷，實在太浪費了。

其實，只要你願意，生活裡處處可以練習「讀人」。

1. 在飯店門口當門僮，只要願意，隨時可以展開讀人的自我訓練，比無所事事強百倍。

2. 速食店的點餐人員，點完餐後推開餐盤沉默不語，平白放棄和客人接觸的機會。

3. 我帶學生在城堡山上的公園做讀人練習，來了一群小朋友，從他們身上，你看到什麼？

有一年，我帶著學生到奧地利格拉茲（Graze）旅行，這是奧地利第二大城市，依山而建，目前已經登錄為世界遺產。

有一天我們到城堡山上的公園，公園裡來了一群小朋友，我便帶著學生練習讀人，我們讀到很多資訊：這群小孩子大概五、六歲，應該是住在附近幼兒園的小朋友，因為這年紀孩子的校外教學不會過夜；再看他們的膚色和輪廓，黑人小孩是非洲後裔，輪廓深、黑頭髮的是中東民族，白皮膚的是歐洲人，有這樣的小孩，其父母應該是在格拉茲工作生活，可見格拉茲是多種族融合的城市（圖3）。

這樣的活動，既能深入了解一個人、一個城市，又能累積讀人的功力，不是很有趣嗎？

同場加映

怎麼訓練讀人？要用心觀察什麼？

有生活歷練的人比較能夠讀人，窮過、苦過、被歧視過、失敗過、失去過親人，經歷生離死別的人，才會對人有同理心。

假日酒店（Holiday Inn）在全球擁有三千多家旅館，創辦人創立酒店的動機，是因為有一次他帶太太小孩去墨西哥度假，訂好的旅館卻超收客人而全部客滿，他一氣之下，決定蓋一間讓旅客的家人、小孩住得舒服的飯店，而且要有游泳池。因為他曾深受其害，所以懂得客人的需求。

其實，讀人不應講訓練，而是要讓服務人員「有動機」，當他了解這對自己有幫助，才會用心。

至於要觀察什麼？我以前買過一本書，教人如何記人名，作者是一位日本俱樂部經理，俱樂部會員兩千名，她全部都記得住。作者表示「如果你對他們感興趣，你就可以記住他們的名字」。如果把消費者當作自己的情人、親人，你就會去研究他們。研究客人對工作是有利的，如果能讀到客人的心意，又做了正確的服務，嘗到甜頭後自然會加倍去讀懂客人。

怎麼讀？先設想客人為什麼來這裡？之後要去哪裡？他為什麼穿這樣的衣服？跟同行者是什麼關係？觀察客人的口音、穿著打扮、出現的時間，可以了解客人來自哪裡，觀察久了，就有能力在很短時間內把客人「掃描」完畢。在讀人的過程中可能會讀錯，但錯了也沒關係，盡量嘗試，一旦讀對了，不是很好嗎？

很多人總要有百分之百的把握才開始做事，但服務業無法如此。這種觀察，學校不會教，通常也只有我在教，我都把學生帶到街上去看每一個人，連流浪狗都不放過。

讀人其實有很簡單的基本道理，第一要對人有興趣，第二要看有什麼相同及相異之處，包含觀察客人每天不同的穿著，這會引發許多聯想，包括聯想到客人鞋櫃與衣櫃的內容，所以還要有聯想力，然後去嘗試，不要怕失敗。

我以前在飯店時教新員工怎麼看人，我有辦法指出：這是來上廁所，這是來開會，這是吃早餐，這是找客人的，這是德國人，這是法國人，這是來自紐約，這是洛杉磯……，從來沒出錯過，因為我從客人的穿著、打扮、出現的時間、看東西的神色、走路的樣子、氣質……來判讀，甚至連應召女郎的價錢，我都讀得出來。這很像英國BBC影集《新世紀福爾摩斯》中，當福爾摩斯第一次見到華生時說：「你是醫生，打過仗，因為受傷才回來。」說得一點也沒錯，因為福爾摩斯從華生的外表顯示上讀到了這些事實。

讀人要有CSI（影集《CSI犯罪現場》）的研究精神，從蛛絲馬跡找出許多線索，讓服務充滿樂趣。

PART 4

看見熱情的服務

要創造熱力源源不絕的服務，
找到一個能從內心驅動自己的人，就什麼都對了。

scene 17

態度熱情可以掩蓋能力不足

趁著假期，我到日本京都的金閣寺遊覽，一路上遇到不少當地旅行團。其中有個旅行團助理吸引了我的注意力，她的包包上掛著藍色小精靈公仔，但是吸引我的，不是她的青春活潑，而是她的專業態度。

當天氣溫高達攝氏三十七度，這位助理踩著有跟鞋、穿著絲襪，還戴著手套，走在日本寺廟的碎石子路上，絲毫未被炎熱的太陽和不平的路面打敗，她沿路高舉手上的引導旗，沒有一刻低於頭部，連蹲下來整理襪子時也沒有放低，讓旅客隨時看得到她所舉的旗幟（圖1）。

不僅如此，她的臉上始終掛著愉快自信的微笑，讓人看了就開心又安心。

另外一個旅行團的助理，表現就不一樣了。她隨性的把旗子扛在肩上，彷彿在閒逛散步。對照之下，就知道誰更能令人信任了。

一個人做事能不能成功，年輕不是問題，有個性也沒關係，關鍵在態度。

有一年高餐旅畢業旅行，我帶學生到美國大峽谷，午餐就安排在附近的時時樂牛排餐廳。這家餐廳專接旅遊團，吃飯時間一到，我們五十幾個師生同時湧入，我們那一區卻只有一個服務生服務，光是想都替他頭痛。但是，一頓用餐下來，這個服務生全場精力充沛，不僅沒有把七分熟變七分爛，也沒有把玉米濃湯送成烤玉米，忙得再團團轉，他的腦袋還是清清楚楚，笑容滿面（圖2）。

這樣的餐廳照理是不需要給小費的，但是我給了二十美元的小費，感謝他給我們熱情的對待，也為學生做了最好的服務示範。

1. 日本京都遊覽助理沿路高舉手上引導旗，沒有一刻低於頭部，讓旅客隨時看得到。

2. 就是他，忙得團團轉但頭腦清清楚楚且笑容滿面的服務生。

同樣令人驚歎的表現，也在另一次去瑞士畢旅中遇到。

我和學生到了瑞士的盧森，遊覽車突然拋錨，以致於到訂位的餐廳晚了。餐廳菜單琳琅滿目，除了有當地的起士火鍋、巧克力火鍋，竟然還提供中式的菜。我們一車四十個人進去後，幾乎塞滿餐廳，一個長得十分秀氣的女服務員接待我們，處理了四十個人的複雜點菜，同學們還不時要麵包、要加水，她的臉上不曾出現一絲倦色，始終殷勤歡快的餵飽我們。

用餐結束了，我忍不住掏出四十瑞士法朗：「這是特別給你的小費，感激你的熱情款待。」

熱愛自己的工作，服務的熱情甚至能蓋過能力的不足。

我搭阿聯酋航空時，發現離我座位不遠處，有位印度籍空姐和幾位法籍乘客在聊天，一個法語不好、一邊英文不通，雙方用破碎的英語交談，雖然生澀

3. 阿聯酋空姐熱情和乘客溝通，英、法文生澀，但她笑容滿面，不斷重複：「I love fly」，讓人毫不在意語彙貧乏。

卻十分熱絡。只見空姐滿臉笑容，努力用不熟悉的語言不斷重複：「I love fly.」（圖3）。

她熱情的表現，讓人完全忽略了她的語彙如何貧乏。

台北的高鐵地下一樓西出口站，有一段期間安排了志工引導旅客搭計程車。其中有位歐巴桑型的服務人員，總是用國、台語雙聲帶同時喊著：「一樓沒有計程車！」「計程車請往這邊走！」她甚至超越職責，響亮提醒過往旅客：「那邊沒路別亂走」「不知道路的請問我」。

我接著到台鐵服務台，看到櫃檯志工三三兩兩的在吃柚子，他們也許以為自己是志工，對自己的表現不以為意，但是對旅客來說，兩者的服務真是天壤之別。

歐巴桑的服務方法雖然有點不優雅，但是態度令人窩心。因此，只要再加一些訓練，即使是志工、臨時工也會有精彩表現。

scene 18

隨時表現和制服相符的專業

穿上制服就站上舞台，不論場合、人前人後，每一刻都要用心表現。

常有人問我：服務最好的公司是哪一家？當我打出高鐵月台的ppt時，很多人以為我會說「高鐵」，不是，是高鐵委外的清潔公司。

當高鐵列車快速進站，月台上，總會有一群穿著制服的清潔人員安靜的列隊站立，他們不會互相聊天，也不會四處張望，全神貫注等待列車靠站（圖1）。當車廂清空進行清潔工作時，他們也一絲不苟，快速的擦著車窗，隨車的清潔員總是左右巡視走道兩側的座位，蹲下身子去清理椅子下的垃圾（圖2）。

他們對自己的工作有信念，即使在沒人注意的時刻和角落，仍然一絲不苟展現專業。

有一次搭國內班機，抵達目的地時，飛機一降落，旅客全都站起來等著要出去，但旅客移動的速度很慢，我就坐在位置上，隨意看人。沒想到，竟然發現空姐呆站在一旁，彷彿沒事人一般，無聊玩起自己的手。

還有一個更誇張的例子，發生在阿聯酋航空的班機上。

阿聯酋曾被評為世界第一的航空公司，有一次我搭他們的航班，見識到一位「麻豆空姐」。我這麼形容，不是因為她的身材、長相像麻豆，而是她的姿態非常高傲，雙腿以三、七步而立，或是手叉腰斜倚門框，連旅客經過也不懂得相讓（圖3）。

她們一定忘記自己考上空姐時那雀躍的心情了。當年，一心為了飛行

1. 穿著制服的清潔人員安靜列隊，不會互相聊天，也不會四處張望，全神貫注等待列車靠站。

2. 高鐵隨車清潔員總是一絲不苟巡視走道兩側的座位。

世界各地，出入巴黎、紐約和倫敦……，她們不惜一切努力爭取這個工作，但是時間久了，逐漸在吃冷三明治和熬夜、對付鹹豬手中淡忘初衷，每日重複相同的工作、相同的航程，對工作的熱愛程度也就降低了。

3. 這位空姐放空無所事事，甚至手叉腰斜倚門框，連旅客經過也不懂相讓。

scene 19

從「背面」著手，找對員工

很久以前摩托羅拉（Motorola）曾經邀我代言手機，在高雄舉辦一場演講，教年輕人如何找工作，我和那時一〇四的邱文仁總監同台分享。那一天學生聽眾很多，足足有四、五百人。演講結束後，邱文仁身邊圍了五、六十個人等著要問問題。

我聽到一位學生問她：「我想去台北君悅應徵，應該怎麼準備才能被錄取？」

邱文仁立刻肯定的告訴她：「你不會被錄取的。」

這個學生是我們班的班代表，優秀、有禮又長得好。

同學納悶的問：「為什麼？」

邱文仁解釋：「你長得太古典。君悅飯店要的人比較時髦。」

這個說法很有道理，一個人的氣質和性格，決定於家庭背景、教育，是長久的養成，很難被工作改變，因此企業找人時就要找對人。

如何找對人？

瑞士的 Swatch 集團是全球最大的鐘錶製造商，曾做過一個廣告，旁白便是「The front tells the time, the back tells the story.」（見圖）

人也是同樣道理，正面只能看出長相、年齡、學歷、經驗，要看懂他的 story，就得看「背面」。背面的故事，會影響一個人的延伸表現。

在亞都麗緻飯店服務時，我們曾經聘用一位聰明幹練的秘書。她曾經擔任外商銀行總經理的秘書，語言、見識、能力、經驗都很強，看起來是完美的人選。不過，一起工作一段時間後，同仁發現，這位秘書的性格幾近瘋狂，後來才知道她有心理疾病。

惠普科技是台灣重要的外商科技服務公司，以前柯文昌先生擔任總經理時，每當面試協理級以上的人員，就會帶到亞都麗緻的法國廳用餐，不動聲色觀察對方點餐、品酒、餐桌禮儀等。因為對方以後可能代表他出席各種場合，一定要多方觀察，確定他的修養是不是到位。

Zappos 創立於一九九九年，是美國家喻戶曉的網路鞋店，二〇〇七年營收超過美國鞋類網路市場總值的四分之一，被稱為「賣鞋的亞馬遜」。創辦人之一，是一位華裔年輕人謝家華。

Zappos 最重要也最強的優勢，便是服務，尤其是客服。因此，每次招收員工，都會仔細考察。

首先，Zappos 會打電話給應徵者，聽他們的待機音樂、聽他們在電話中的互動反應。然後，邀應徵者到公司面試，時間幾乎整整一天，除了和主考官談話，還帶領他們到公司內部走動，觀察他們和別人的實際互動，例如：會不會和陌生人打招呼、會不會幫後面的人扶門。

接著，便讓應徵者到各部門工作，進行為期四週的培訓，培訓期間公司支付全額工資。

五週之後，正當大家在體驗公司文化時，真正的考驗來了。每個新人都會遇到這個要求：「如果你今天覺得不合適，辭職，公司將支付全額薪資再加三千美元的獎金。」

積極成長中的公司，為何要花錢辭退員工？

如果員工對這份利益心動，表示他不具有公司所需的熱情和奉獻精神。而

瑞士 Swatch 手錶的廣告之一，旁白「The front tells the time, the back tells the story.」看故事，就要看背面，人也一樣。

Zappos 願意花錢提早發現這些人，據統計，每年大約有十分之一的新客服人員願意拿這筆錢。

這樣的慎重並且尊重，怎麼會找不到對的人？

scene 20

尊重，讓員工永保熱情

要讓第一線服務人員保持熱情，打從心底想做好服務，不能單向要求他們，首先，公司要尊重他們。

這家公司在燈箱廣告旁開了一個像狗洞的小門，裡面是員工的更衣櫃。讓員工這樣彎著身子鑽進鑽出，員工怎麼會自愛，又怎麼會以工作為榮呢（圖1）？

制度設計能不能讓員工自由發揮，也大有關係。

高雄餐旅大學規定大一學生要住校，因此每到寒、暑假返家時，就有許多學生要將大包小包的行李寄送回家。有兩家郵遞公司看上這筆商機，他們推出返家行李專案，直接進到學校服務。這兩家分別是黑貓宅急便和中華郵政。

我也有兩箱行李要寄回台北，作為一個不時考察各種服務的老師，一定要趁這機會體驗兩家公司的服務，於是我很有心機的一家各寄一箱。

我先到「黑貓」收行李的地方。

看到服務人員穿著整齊的制服，我的眼睛一亮（圖2）。很快的，有人過來迎接我，問候「老師好！」我打了招呼，問了價錢，然後表示要寄一箱行李。

服務人員緊跟著問：「要不要封箱底？」黑貓不只提供紙箱，還主動提供額外服務，幫忙客人把箱底膠封起來。雖然不封底的箱子對我拿回住處裝行李比較方便，我還是覺得他們的做法很貼心。

搞定一箱後，隔天我到另一邊的中華郵政去。

1. 讓員工彎著身子鑽進鑽出更衣櫃，員工怎麼會自愛，又怎麼會以工作為榮呢？

2. 穿著整齊制服的「黑貓宅急便」服務人員。

只見兩個服務人員沒穿制服，隨意而坐，腳還踩著鞋後跟。沒人招呼，我只好自己走到他們面前去問價錢：「請問寄這一箱多少錢？」

對方卻反問：「你是學生嗎？」

我臉上三條線，我的年紀和穿著像學生嗎？所有高餐旅的學生都得穿制服，他們到學校這麼多天了，難道沒有發現？

我說：「我是老師。」

他很乾脆的拒絕：「你不能寄，這是學生返家專案。」

我的臉上又加上三條線。

好的服務應該為周邊的人設想配套服務，如果中華郵政真的不願意為目標對象之外的人提供相同服務，可以按對象分開定價，例如學生寄一箱一百元，老師寄一箱一百五十元。既讓客人方便，自己也有生意做，不是兩全其美嗎？這是公司的策略錯誤，讓服務人員陷入窘境。

「如果這樣，」我開玩笑威脅他：「我去鼓動學生不要來這裡寄。」

他立刻改口說：「你可以寄。」

這，也未免太快折腰了吧？如果他還硬撐下去，我就要佩服他有原則了，沒想到……。

同樣這種公司策略錯誤，導致服務人員為難，還有淡水的公車。

我常常在淡水捷運站換搭R26公車回家。

淡水捷運站是重要的交通站，大約有十幾線公車在這邊載客，但是以前只有R26的乘客會排隊，其餘路線的乘客見到車來了，立刻橫衝直撞搶上車，毫無秩序可言。

可能有客人抱怨或哪個主管看不慣這亂象，有一天，客運公司在離站牌至少十五步遠的地方，一視同仁為每線公車畫起排隊線，而且R26從上車刷卡改成下車刷卡，這樣一來，大家反而不排隊了。

一來是因為公車離排隊的地方太遠，車子來了，走得快的人就先上車。二來是因為不必集中在前門刷卡上車，大家不分前後門蜂擁而上，秩序變得很差，還得派一個員工在場疏導乘客。

幾乎每個乘客都跟司機抗議這種改變，可能因為抗議的人太多了，客運公司終於改回原來的政策，排隊線拉到五步近，上車刷卡。R26的乘客，又恢復自動排隊了。

很多企業主管在制定服務策略時，多是關在辦公室裡閉門造車。其實要做現場改造，主事者應該多聽第一線員工的想法，而且要長期到現場觀察，因為人多、人少時狀況不同，白天、晚上有別，晴雨冬夏也有差異。

有一年我到迪士尼去玩，有個服務人員開心的和我打招呼，我問他：「你在迪士尼工作了幾年？」

他說：「神奇的二十一年。」

能讓員工如此形容自己人生，可見迪士尼是如何尊重員工、照顧員工。

scene 21

你休息時都在做什麼？

有使命感的企業，會在各方面不斷自我提升，他們永遠不滿意自己的產品，隨時想做得更完美。蘋果公司是最好的例子，我相信即使沒有競爭品牌，他們也會持續推出i4、i5、i6。

新一代的服務人員常常抱怨，待遇低、環境差、工作辛苦、學不到東西。真是這樣嗎？

我有個學生到餐廳工作，沒多久就跟我抱怨在那裡學不到什麼，他想去外面試試看。

我問他：「你休息的時候都在做什麼？」

他無辜的解釋：「我沒跟別人上網啊，就是找個地方打瞌睡……。」

這樣學得到什麼？我真想敲他的頭，「如果你休息的時候，去幫忙練刀工、刷鍋子、洗地板，大廚看你這麼勤快，怎麼會不教你？你躲到一旁去休息，廚師想教都找不到你在哪裡。」

另外有個學生卻很上進，實習期她興致勃勃到澳門的賭場飯店工作，被派到側門當門僮。從側門進出的人很少，平均一天五、六位客人，沒什麼表現的機會，她很沮喪寫 mail 給我：「老師，我好像來錯了。」

我鼓勵她不要放棄，藉此機會學廣東話，加強英文，並且提供最佳的服務給每日僅有的五、六位客人，繼續努力。

一個月後我又接到她的電話，這次的聲音非常雀躍：「老師！我升官了。」原來，她守在側門，有人進來了，她熱情打招呼、開門，沒有人進出時，她就背英文單字、對過路的人和車微笑打招呼。有一天，飯店總經理開車經過側門，我的學生照常綻放笑容，讓總經理印象深刻，便把她調去大廳當櫃檯了。

台灣有許多外傭，她們常常趁著推各家老人到公園時，聚在一起聊天話家鄉，不然就是拚命打手機。可是我曾看到一位外傭抓住照顧老人的空檔，就拿起書來讀，假以時日，她的成就一定會更高。

我常形容新世代的年輕人就像寶特瓶，寶特瓶透明、無料、遇高熱會融解，一腳踩下去還會發出刺耳的噪音，偏偏頸項很硬；許多年輕人也是這樣，沒什麼內涵，遇到挫折就癱倒，一點不順就抗議，但是卻低不下頭謙卑學習。

謙卑、堅持，時間會回報人美好的果實。

電視節目曾經介紹奈良寺廟裡的一位木工，畫面中，只見他刨刀一過，飄下來的木片薄到會透光，而木頭本身光滑到會反射光線。

主持人問他怎麼做到的，他說：「我只是每天磨，磨了三十幾年就這樣了。」

他從念高中時就立志當木工，努力至今，自然綻放光芒。

scene 22

積極服務好過被迫調整

美國有個笑話：一位太太想念她過世的丈夫，便去找靈媒，想透過靈媒幫忙能和先生說幾句話，聊表思念之情。雙方約了時間，家人陪著這位太太到來，靈媒便開始做法，很快的，桌子震動了，燈光滅了，靈異現象出現了。

太太焦急又期待的問：「是我先生來了嗎？」

靈媒不太有把握：「應該是你先生，可是他一副不敢靠近的樣子。」

「為什麼？」

「你先生的表情很驚慌，嘴裡不斷念著：『這不是我的桌子，這不是我的桌子。』（It's not my table.）」

原來這位先生生前是餐廳服務人員，他的工作習慣是，只要不是分配給他的桌次，他就不會上前服務。

雖然是個笑話，卻很生動點出許多服務人員的本位主義與被動心態。

在高鐵月台近九號車廂往捷運的電扶梯口，經常有服務人員在那裡為旅客指引方向，或提醒旅客抓緊扶手，可是如果沒有人需要這類提醒，他們常常就呆呆看著旅客上上下下。這時候，除了提醒「小心」外，若能說聲「謝謝」「慢走」「辛苦了」，不就能創造溫馨的氣氛嗎？

隨著顧客關係越來越重要，服務的方式一定要更積極。台鐵是家百年老企業，有些工作任務從以前延續至今，沒有改變。例如，在剪票閘口，除了有人負責剪票，出口還有人負責驗票。不過現在經濟富裕，逃票的人少了，反而很多人向他們問路。有幾次，我不小心聽到查票人員抱怨自己被當成指路的人。其實，一個固定的職務會因時、因地、因客人的需求變化而改變，驗票者的主要工作可能會由驗票改為被諮詢。

環境變動很快，大部分人需要什麼服務，企業就該提供什麼服務，而服務的人如果不能自我調整，只會被職場無情淘汰。

同場加映

歐巴桑想投入服務業，需要哪些訓練和注意事項？

如今的就業市場，有很多工作年輕人不願意做的，業者不得不用歐巴桑、歐吉桑。這些人未必做不好，二度就業的人通常很珍惜工作機會，只要教導他們專業知識，讓舉止、用語變得優雅，就會是很出色的服務人員。

但在職場上，真的不能表現得太「歐巴桑」。我曾經穿一件設計師的破洞衣服，碰到歐巴桑，她們直接就說：「啊！你的衣服破掉了。」我只好笑笑說：「不是破掉，這是設計。」

「歐巴桑」的行為就是「短暫忘記羞恥的女人」，特點是熱情、直白不掩飾，但往往會讓客人尷尬，或心裡產生不悅，所以要刻意培養內涵，去掉這些讓人無奈的語言。

但優雅化並不需要徹底改造的大功夫，只要達到基本要求即可，例如，對負責指路的歐巴桑，不必要求她講標準國語，教她用臺語講有禮貌的話，更能展現個人的服務魅力。

如何增加個人的深度？

要多增加生活體驗，不要每天待在家裡，多出去結交朋友，我建議年輕人暫時不要存錢，因為也存不到什麼錢，還不如出去拓展人脈，增加生活經驗。

看到許多人在排隊買小吃，就跟著排，吃吃看味道到底好不好，去參加社團、活動、接觸人群、體驗生活。再來要閱讀，多閱讀對自己有幫助。

從生活體驗與閱讀中產生興趣，挑一兩樣最有興趣的事情做，久而久之，就會變成這兩樣事情的專家，可能是重機、潛水、黑膠唱片，或是展場女郎，或是運動分析……，當你變成某一項事物的專家，就表示你在某一層面具有深沉的知識及實力。其他事物則可增加自己的多樣性及彩色度，你的人生就會變得有趣。

企業要怎麼做才顯示尊重員工？

第一，要傾聽員工的心聲，不是直接問員工，而是從觀察得知。其實主管若看到員工安靜不講話，心裡就要有譜，這種氣氛可能是暴風雨前的寧靜，員工正在醞釀某些事情。所以偶爾要跟員工一起聊聊天，給他們溝通的管道。

第二，要讓員工參與決定，雖然老闆對於決定已成竹在胸，但還是要聽聽員工的意見，搞不好員工講出來的意見更好，那就採用。如果意見沒自己的好，那就說服，但每個人都可以表達意見。

第三，要授權，員工不被授權是不會成長的。授權是授與員工超出他本來工作的權限，員工會感到被尊重，因為唯有被信賴、有能力的員工才會被授權。主管授權員工去做本來是自己在做的事情，若他做得好，主管不是有更多的時間去做其他沒時間做的事？

如果員工做不好也沒關係，不要怕員工犯錯。員工犯錯，表示他有在做，若都不犯錯，搞不好是一手遮天，等到出事了，就嚴重了。就因為他是員工，所以他一定會犯錯，一定沒你做得好，身為主管，就要包容，就跟你要包容客人一樣。

我一向對員工花很多心血，老員工要離去，我總是希望他們不要走，老員工在工作上累積的人脈及服務品質，與新員工是不一樣的，那絕對是無法輕易取代的。

PART

5

讓人開心的服務

讓客人開心不需花大錢，

有時小地方玩個花樣，就會讓客人有嶄新的體驗。

scene 23

奧地利幽默設計，化解塞車無趣

有一次我帶高餐學生到奧地利旅行，不巧遇上高速公路整修，所有車子只能走路肩，這段塞車的路程將近七哩，坐在遊覽車裡，大部分同學都覺得無趣，很快便睡著了，只剩好奇的我繼續觀察路上景觀。

這時候，有趣的事情發生了。

路肩上的里程路標上，一開始畫了一個嘴角下垂的長臉，但是隨著里程數減少，嘴角線條就上揚一點，直到最後，嘴笑開了、臉色好了，路肩也到盡頭（圖1、2、3）。

哪一個用路人看著這麼幽默的標誌，還會責怪工程不便民呢？能用這麼好玩的方式為用路人紓解塞車的苦惱，實在太厲害了。誰說旅途一定得無趣呢？

在台灣，機場的看板都在宣導政令，似乎理所當然，看看另一種效果吧。

佛羅里達的迪士尼世界是美國最大的迪士尼樂園及環球影城，我們搭了二十幾個小時的飛機到奧蘭多機場，再搭遊覽車過去。一下飛機，原本疲憊的心情立刻開朗起來，因為這一年《哈利波特》的電影正夯，機場便「指派」哈利波特作大使，為旅客引路，整個機場都感染了佛州的歡樂氣氛（圖4）。

要幽默不一定要花大錢，有時小地方玩個花樣，就會讓客人有嶄新的體驗。

我到 Hard Rock 用餐時，服務人員邀我申請會員卡，加入會員。等餐的時

1.

2.

3. 從嘴角下垂到上揚，顯示塞車情況，奧地利高速公路幽默的路肩路標。

4. 佛羅里達的奧蘭多機場，以哈利波特為旅客引路。

5. Hard Rock 餐廳提示顧客設定密碼的發想，很幽默。

候沒事，我便答應了。

既然要申請卡片，就需要一組密碼，原本想按慣例第一〇一次用生日、電話號碼等，但在輸入申請表格時，看到幽默的提示：寵物的名字、星座、自己的年紀和體重……，沒想到，平常絞盡腦汁也只能跑出幾組數字的枯燥活動，竟然能變成有趣的創意遊戲（圖5）。

那一餐，數字比美食更令人玩味。

有飯店的乾淨浴袍，不是摺得整整齊齊放在抽屜或床上，而是掛在浴室裡，把袖子擺出特別姿勢，彷彿真人穿著一樣，增加趣味（圖6）。

到迪士尼，除了能在樂園裡玩瘋了之外，進到迪士尼飯店，還有驚喜。第一天的毛巾摺出米老鼠，隔天是天鵝，而不是制式的迎賓水果或糖果，一看就知道是服務人員的巧思（圖7）。

我到綠島輔導民宿，除了教業者基本的經營之道，包括怎麼整理房間、怎麼準備早餐、怎麼待客。我也教他們如何在細節上創造驚喜，就像迪士尼的摺被秘訣，我教他們摺成冰淇淋、滾成捲筒……，不斷變化，為自己的民宿，創造獨特的亮點。

美國萬豪酒店也有類似的新奇亮點。萬豪一開始只是一家小餐廳，逐漸發展為連鎖餐廳，再發展到有飯店、度假村、郵輪、空廚及會議中心的集團。酒店房間的鑰匙卡不像一般集團飯店制式，每張卡片上的文字都不同，客人一拿到，便會興奮的看自己拿到什麼，如果有朋友一起入住，互相交換欣賞，憑添不少

6. 這家飯店的乾淨浴袍，不是放在抽屜或床上，而是擺出特別姿勢，增加趣味。

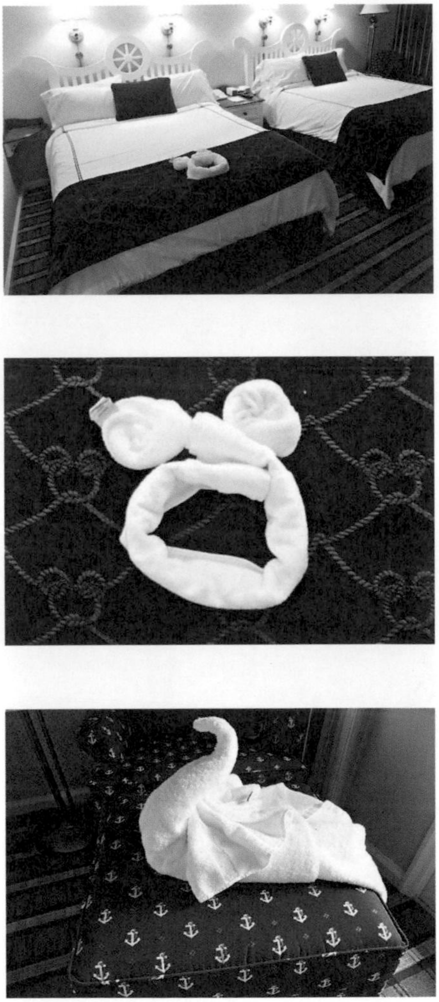

7. 迪士尼飯店服務人員的巧思，第一天將毛巾摺出米老鼠，隔天則是天鵝，讓客人驚喜。

樂趣（圖8）。

就像唐人街的華人餐廳，飯後都會為客人端上一道「幸運餅乾」，每個幸運餅乾內都有不同的籤文，為客人製造期待和驚喜。

英國人的幽默低調卻犀利，讓人連在街上散步也充滿樂趣。

除了逛商店之外，如果用心看，就會發現，倫敦的建築常會標示著這是某某名家住過的遺址（圖9），或這棟建築曾經發生什麼歷史大事，有一次我逛到倫敦塔橋，橋上還幽默的為狗狗畫出專用道，我不禁會心一笑（圖10）。

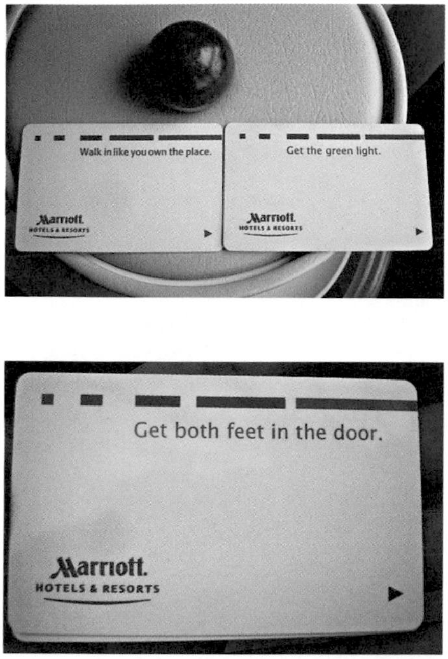

8. 美國萬豪酒店的房間鑰匙卡，每張卡的文字都不同。

很多台灣人到美國拉斯維加斯，一定會去逛過季大賣場，然後不要錢似的買 Coach 包。我則趁著學生瘋狂採購時，跑去「Old Navy」看我的老朋友。一群有大有小、有男有女的時裝木偶，一起站在門口歡迎我，讓我除了挑選自己的衣服之外，也想起該買女兒的、太太的、堂弟的、爸爸的……。

Old Navy 是美國一家大眾化的服飾公司，號稱全家人的衣服都可以在這裡買到，擺出這樣一家人般的時裝木偶，不是既貼切又特別，一舉兩得嗎（圖 11）？

9. 倫敦街頭標示著小說家狄更斯曾居住過的遺址標牌。

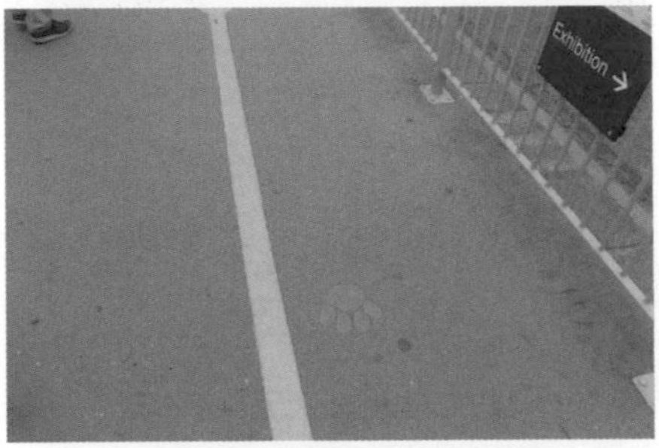

10. 倫敦塔橋上的狗狗專用道。

11. 拉斯維加斯的 Old Navy，號稱可以在這裡買到全家人的衣服。

scene 24

倫敦車站鋼琴演奏，舒緩旅客心情

二〇〇三年發生SARS傳染病，香港機場飲水器不讓客人使用，管理人員在牆上貼了公告，然後用訂製的塑膠套把整個飲水器包起來（圖1）。高鐵車站的飲水器同樣不能使用，也有公告標示，不過，它用普通的塑膠套封住飲水器，相較之下，質感高下立辨（圖2）。

香港離台北很近，真是服務人員的最佳借鏡。

從香港赤鱲角機場往市中心的公車上，窗簾的材質是透光的壓克力，衛生又硬挺，而且收起來時紮成漂亮的花，用魔鬼氈黏得整整齊齊，非常時髦漂亮（圖3）。

再看看桃園機場的長途車，窗簾是布料還鑲了蕾絲，國外已經很多年不用了，顏色醜、樣式舊，不僅如此，窗簾隨意散開，只要車子一煞車，窗簾布就前後滑動，乍看之下，真像靈車（圖4）。

還有民營客運的車廂內，客人一上車就看得到的儀表板上，報紙、寶特瓶

1. 香港機場用塑膠套把不能用的飲水器包起來。

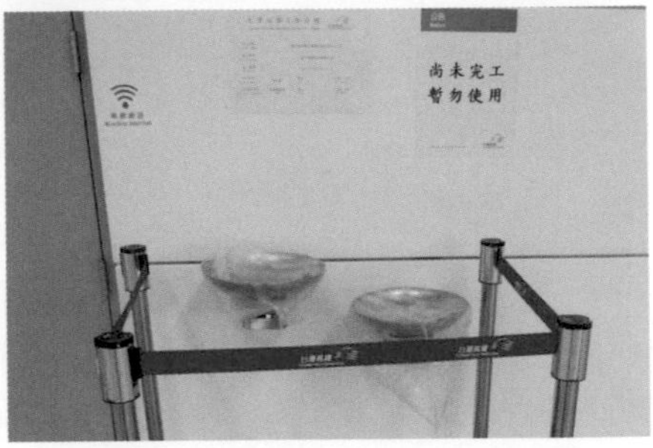

2. 高鐵不能使用的飲水機只用一般塑膠袋包著。

各種東西雜陳，這麼混亂的環境，旅客看了就渾身發癢。

不僅如此，桃園機場的客運有些已經車齡老舊，外觀破損，安全也堪慮。實在令人百思不解，桃機對計程車有車齡規定，為什麼對大型客運車的管理反而如此鬆散？

要從一個有錢的社會進階到一個有文化的社會，關鍵就在生活上的美感。這一點，又需要從人民素質開始養成。

食器上用點心思，不論大店或小攤都能為自己的食物加值。以常見的容器，依照質感高低排序：陶瓷、金屬、美耐皿、紙、塑膠，最後是保麗龍，怎麼用就看老闆的品味。

安和路有一家牛肉麵店，為客人提供美味的泡菜。泡菜不是裝在一般的塑膠罐裡，而是用一個陶甕盛起來。陶甕，讓小店的質感立刻提升，我這個用餐的客人也自覺變得高貴起來。

相反的，如果使用粗糙的配備，再美味的食物也會打折扣。

3. 從香港赤鱲角機場往市中心的公車，窗簾材質是透光的壓克力，時髦又衛生。

4. 桃園機場的長途車，只要車子一煞車，窗簾布就前後滑動，真像靈車。

台鐵從廚房送來的火車便當，總是大剌剌的用原本打包的紙箱就往推車上一擺，絲毫沒有美感可言（圖5）。其實，運送的包裝和呈現給客人的包裝是不一樣的，前者要耐撞、保溫，後者要衛生美觀，不同對象要有不同的呈現方式，才是精緻文化的展現。

美感最常展現在視覺上，但是在精緻文化中，聽覺也是重要的一環。

善用聲音，便能成功營造想要的氣氛：一家咖啡店的背景音樂如果熱情奔放，客人就會拉高聲量說話，氣氛就會熱鬧吵雜；如果播放的是輕柔的古典音樂，氣氛也會跟著安靜平和。

日航的機艙廣播音量非常低，旅客要很專注才能聽清楚，同時，旅客的說話聲量也會跟著降低。

我搭歐洲的高鐵「歐洲之星」在倫敦聖潘克拉斯（Saint Pancras）火車站下車，進入月台，突然聽到悅耳的鋼琴聲。

「歐洲之星」連結比利時的布魯塞爾、法國巴黎然後穿過英吉利海峽，從海底隧道連結到英國倫敦，聖潘克拉斯火車站就是歐洲之星在倫敦的終點站。

聖潘克拉斯火車站擁有兩座維多利亞時代的著名建築，古典又精緻，被稱為鐵路大教堂。我站在優雅的空間裡找尋聲音來源，竟然不是街頭藝術家，而是車站特別邀請琴師在此彈琴，樂音影響了車站的氛圍，少了焦躁不安，旅客的心也舒緩下來（圖6）。

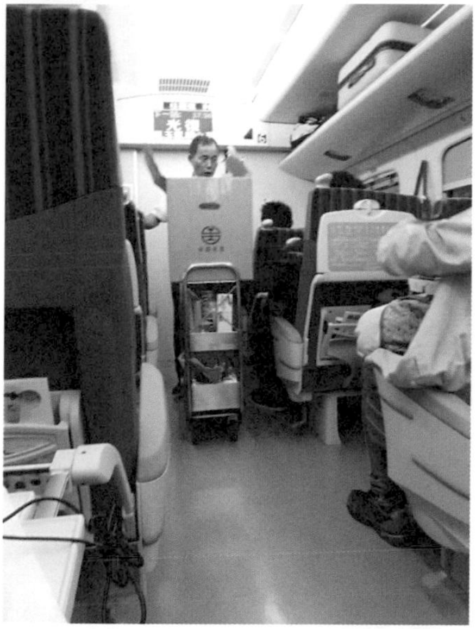

5. 台鐵的火車便當，總是用紙箱往推車上一放，就開賣，在美感上還有改善空間。

6.「歐洲之星」在倫敦的終點站聖潘克拉斯火車站，邀請琴師現場彈琴，舒緩旅客心情。

scene 25

清潔，是最基本的愉悅

許多城市的河邊都成為觀光重點，就像新北市的淡水。淡水條件並不差，近處有河、遠處有山，還有充滿異國氣息的古蹟，可是說起淡水，大家總是又愛又恨。

小吃攤聚集，觀光客邊散步邊吃東西，路上掉了各種垃圾，地面似乎永遠都是油膩髒汙的。

如何讓這些人群匯集的地方光鮮亮麗，吸引更多人？清潔是最基本的要求。我習慣清早即起，在國外也一樣。在倫敦旅行時，因為早起外出散步，我意外看見清潔人員趁著人潮尚未蜂擁而至時，把河邊走道洗得乾乾淨淨，留給旅客好印象（圖1）。在香港，他們同樣用水洗港邊廣場。

為了吸引旅人的注意，基隆市政府在從港口進入基隆的山邊，仿美國好萊塢的巨大地標，將大大的「基隆」字樣掛出來。不過，旁邊的違章建築、鐵皮屋最好也一併拆除，否則只是更把髒亂的景色凸顯在眾人的視線中。

日本是個整潔有序的國家，他們為此下了不少功夫。有一次逛表參道時，我便看見義工將路邊停放的腳踏車一輛一輛重新擺放、排好，這些私人的腳踏車就像台北的 U-Bike 停放整齊了，不僅出入方便，街道也顯得美觀，難怪很多台灣人到日本旅行都感到舒服（圖2）。

香港赤鱲角機場也有異曲同工之妙，作為地方的門面，他們不僅把機場整理得乾淨整齊，連清潔人員所搭乘的巡邏車，都是現代科技感十足的電動車（圖3）。

1. 倫敦的清潔人員正在清潔路面。

2. 在東京表參道義工將路邊停放的腳踏車一輛輛重新擺置。

3. 香港赤鱲角機場的的清潔人員乘著賽格威電動車巡視環境。

我要特別提醒：一方面要讓客人出入的所在乾淨整齊，另一方面，服務人員本身的乾淨整齊，也不能忽略。

大部分東方人看到迪士尼清潔人員的雪白制服，都會嚇一跳，這不是很容易髒嗎（圖４）？東方的清潔人員習慣穿深色，因為在我們的文化中，認為深色比較不會髒。

這樣想就錯了！深色衣服不是不容易髒，而是髒了看不太出來。白色衣服只要沾上一點髒污，就會被發現，知道該換洗了。請問：你比較相信穿哪種制

4. 迪士尼清潔人員的制服是白色的，只要沾上一點髒污，比深色衣服更不易藏髒。

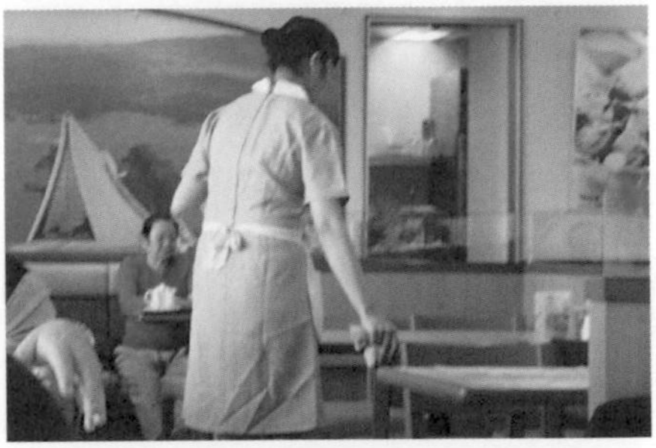

5. 為了顯示專業，都訂做制服了，但服務人員穿著這麼皺的制服，不是功虧一簣嗎？

6. 保羅麵包沙龍（Paul）的地磚是設計特色之一，但員工穿著髒兮兮的白鞋，讓客人對環境衛生存疑。

服的人的清潔呢？

制服除了要乾淨，還要熨燙平整。

像這家餐廳服務人員穿著這麼皺的制服（圖5），好像剛從被窩裡鑽出來，尚未甦醒，這樣能做好服務嗎？

許多公司不見得會規定員工鞋子，但是鞋子是服務人員整體印象的一部分，即使主管不督察，個人也要注意（圖6）。不管穿皮鞋或布鞋，白色的鞋子就應該白白淨淨，鞋皮脫落了就要換新鞋。

scene 26

指標、配件顯示企業文化

依著時節更新裝飾，是服務業連結社會氣氛的好方法，如果偷懶不更新，不僅讓人看了突兀，甚至懷疑企業的文化太馬虎。

有一年中秋節，我從台東搭船到綠島。船是典型的台灣客船，不僅插座非常醜，春聯還貼得花花綠綠，到處是「春」、「恭賀新禧」（圖1）。

不是不能貼春聯，而是過多的裝飾會造成視覺污染，甚至喧賓奪主，蓋過對旅客真正重要的求生資訊。另一方面，應節的事物過了節日就該換掉，當時已經九月，看著一堆農曆過年才會貼的春聯，我不禁懷疑：船主到底活在哪月哪日？

同樣的道理，搭這艘船的都是台灣人，船主卻仍然掛著日本原裝原文的招牌，他知道自己在服務誰嗎？

台北圓山大飯店的宮殿建築，是台北最重要的地標之一，一九六八年曾經被美國《財星雜誌》選為世界十大飯店之一。四、五十年前就獲得這種殊榮，令人難以置信。

幾年前我去圓山大飯店喝喜酒，席間習慣性的四處觀察，就看到天花板出現一顆氣球，上面寫著「Happy Valentine's Day！」情人節快樂？吃喜酒的這一天是四月二十六日，情人節是二月十四日，兩個月前的逃逸氣球，竟然還留在天花板上每日迎賓。

給客人使用的物品、設備，就更要定期更新了，因為這涉及衛生和安全。

真鍋咖啡的菜單，因為使用太久已經又蓬又厚，看起來很不衛生（圖2）。

星巴克咖啡的沙發已經破舊龜裂（圖3），如果不是當初找的產品品質不夠好、不耐久，便是使用時間太長。不管原因是什麼，破舊一定要更換，否則客人會懷疑你的品管不好。

台灣人做服務常常便宜行事，選擇廉價的、快速的，其實後果更麻煩。

我們有個團隊幫幾個火車站做檢視，

1. 台灣客船上到處貼著「春」、「恭賀新禧」，蓋過對旅客真正重要的求生資訊。

台北火車站的主管很得意的說，現在月台都設置電梯，方便銀髮族或行動不便的人。我一看就告訴他們：「這電梯以後一定常常出問題。」

對方很驚訝反問：「你怎麼知道？」

當時電梯才使用一個月，「電梯關門」、「電梯上樓」的廣播喇叭聲音，已經破掉。電梯是上百萬元的設備，如果連每次開關都會使用到的重要元件都這麼「兩光」，電梯的品質一定不好。

果然，一個月後，電梯卡住，新聞上報了。

再看台南火車站的電梯，電梯旁的各種指標是電腦打字加護貝貼上的。指標是指引旅客的重要設施，必得堅固可靠，才能讓客人有安全感，所以應該使用耐久材質，例如鐵、壓克力，而且要用刻的方式，才能確保是原廠一致的設計，而不是後來隨便找人亂貼的。

為了一查究竟，我曾經觀察過台鐵列車的牌子。

自強號火車可以算是台灣頂級的車廂了，有一段時間標示路程的牌子竟然是用手寫的，而且不是只有一個。手寫的字不僅不夠整齊，而且顯得很臨時，容易讓人產生疑慮：有沒有寫錯？有沒有放對？

我很好奇到底是誰在做這件事。在另一個火車站，答案揭曉，看到歐巴桑正在裝手寫的目的地牌（圖4）。

2. 真鍋咖啡的菜單又蓬又厚。

3. 星巴克磨損的沙發。

4. 終於知道，台鐵莒光號火車的路程標示是誰寫的、誰裝的。

同場加映

天生缺乏幽默感的人，要如何彌補？

這個問題，其實無解，所以服務業不是每一個人都做得來的。俗語說：「生意子難生」（台語），我說：「服務子更難生」。生意子為了賺錢，什麼都敢做，而服務是要有意願、有熱情、有初衷的人才做得來，不然你的服務流程就會流於做作與虛偽。

幽默感跟本性有關係，很難培養。像德國人、日本人較無幽默感，所以兩個國家都很會打仗，而日本人一搞笑起來往往容易過火。以前在亞都飯店工作的時候，有一次招待荷蘭來的旅行社，我問他們，你們的客人很多喔，是不是很多德國人？他回答：「是！每隔二十年他們就來一次。」他把二次世界大戰德國侵略的既定事實當成幽默的笑話，聽得我們哈哈大笑。

最高級的幽默是自我幽默，因為你若幽默他人，往往容易傷到人。

男性與女性從事服務業的優劣點？

其實兩性一樣好，各有優點，最好的是互相運用合作。服務業的服務人員要有男有女，男女可能是二：八，或是三：七，至於誰二誰八，不一定，要看業種的性質。

像鼎泰豐，內場的包子師傅往往一站幾個小時，女性恐怕體力不勝負荷，所以男性為主。外場的服務人員則以女性為主，所以男生的比例占不到一〇％。

一般來說，不管男客女客，都欣賞漂亮的女服務員。但以服務的品質來說，男女一樣，沒有孰優孰劣。

PART 6

反其道而行的服務

巧妙的融合原本衝突的元素，
便能為客人製造驚喜。

scene 27

衝突 vs. 驚喜

服務是一種變體，巧妙融合原本衝突的元素，便能為客人製造驚喜。

例如，小組織有大公司的標準化，「台南擔仔麵」就是一例。一九五八年，台南擔仔麵在台北華西街開店，專營高級海鮮料理，三十年前就提供五星級飯店才有的優質服務，絲毫不輸當時的亞都大飯店。

客人上門時，台南擔仔麵的服務人員立刻送上熱騰騰的毛巾，碗盤用的是英國近三百年歷史的高級品牌瑋緻活（Wedgwood），刀叉湯匙是法國皇室御用的銀器品牌昆庭（Christofle）。清潔衛生也毫不疏忽，洗碗機也是來自歐洲。

這些服務放在一家五星級飯店裡，客人只會認為理所當然，但放在一家夜市中的海鮮餐廳，卻讓人嘖嘖稱奇。

又如大組織卻重視細微之處，星巴克就是很好的例子。

很多人相約在星巴克見面聊天，常去的人一定會發現，每天固定某些時段，服務人員會拎著水壺來為客人加水續杯，甚至和客人閒話家常。有一天，來加水的服務人員是個年輕的大男生，他大方說起自己將要去當兵，這是他在星巴克服務的最後一天。我也舉杯祝他當兵順利。

我不喝咖啡，早餐常點大杯抹茶牛奶，服務人員總是主動放一杯開水在我的托盤裡，為什麼？因為點大杯飲料的人通常坐得比較久，貼心多提供一杯開水，客人更能享受在店裡的時光（圖1）。

或者，傳統中也有新式服務。

我到台南出差，去吃阿堂鹹粥，這是一家經營了幾十年的小粥館，早上五點開門，中午十二點就結束。晚起的人不容易吃到。

我吃到一半，忽然聽到老闆在料理台後吆喝一聲，有個歐巴桑上前問我：「要加湯嗎？」

我的天啊，這不就是星巴克加水服務的翻版嗎？

1. 星巴克服務員看到我點大杯抹茶拿鐵，知道我會坐很久，主動給我一白開水，就是重視細微之處。

2. 大陸連鎖火鍋店「海底撈」，結合你想像不到的服務：排隊等候時提供電腦上網。

3. 女士可以彩繪指甲、護手。

4. 上班族可以享受擦鞋。

結帳時，我掏出十幾個五十元的銅板（台灣高鐵找給我的），買單的歐巴桑笑著說：「錢好新啊！」我抱怨說賣票的笨機器不會找紙鈔，只會找銅錢，她立刻問我：「你是台北來ㄟ哦？」我又驚訝了：「你怎知？」

她說：「我們台南人都說閬珊ㄟ，台北人才說銅錢。」

臨去時，連平時嚴謹的老闆娘也用甜美的笑容和我道別。

雖然是傳統的小攤子，卻有加湯、問候、道別這些新式服務，讓我出差的早晨，變得美好而令人回味。

大陸有名的連鎖火鍋店「海底撈」，也結合了想像不到的服務。

海底撈價格親切，客人很多，若臨時起意去吃，來不及訂位，只好排隊等候。這段等候的時間一點也不無聊，海底撈為客人提供電腦上網（圖2），也可以玩紙牌；愛美的女士有彩繪指甲、護手（圖3）的服務；平常忙碌的上班族，可以乘機來讓服務人員擦擦鞋（圖4）、清洗手機；而年幼的孩子，也有自己的玩具區。

沒等多久，服務人員來領客人到座位。等我們一一就座，服務人員便拿出

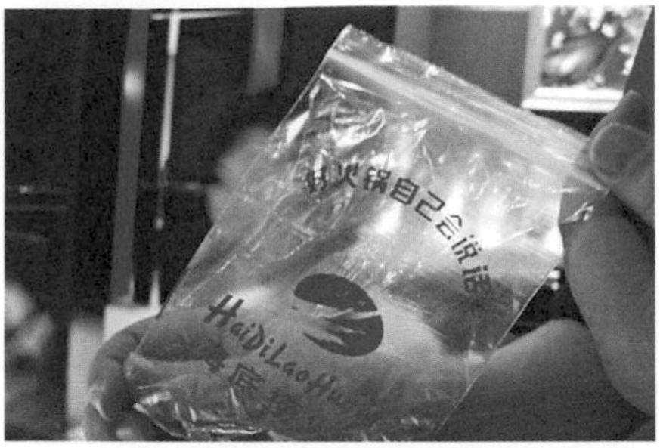

5. 用餐時更提供夾鍊袋、圍兜，防湯汁沾衣服、手機，令人大感窩心。

6. 洗手間有大姊開水龍頭、遞紙巾。

夾鏈袋把我們放在桌上的手機封起來，免得被醬料、湯汁噴到，又給每個人準備圍裙，圍裙一戴，吃得再忘形，衣服也不會不小心弄髒（圖5）。

吃了一陣子，朋友慫恿我去洗手間，我順應民意去看看。只見這新鮮時髦的火鍋店竟有百年老飯店的頂級服務，客人洗手時，有大姊幫忙開水龍頭，然後遞上紙巾擦手（圖6）。

這一餐，不僅我們吃得開心，每一位服務員也都笑咪咪。究其原因，主要是海底撈老闆很照顧員工，為員工提供冷氣宿舍，待遇也好，每到一個城市開新店，便優先錄取同鄉的子弟，員工有了向心力，自然有好服務。

難怪海底撈創立才二十年，在大陸各省已有八十幾家店，前年還開到新加坡去，也即將到台灣開分店了。可是要小心，這種貼心的服務若成為ＳＯＰ，員工無心無意，每次都照本宣科的表演出來，日子久了，客人新鮮感沒了，就要再創新才可以。

scene 28

固定 vs. 行動

大部分的醫療站、救護中心，都是等著病人和傷患上門，為什麼不反其道而行，來個行動救護站？

美國佛州奧蘭多的度假區中，有一個樂高樂園（Legoland）大受孩子歡迎，園裡有各種組合的樂高積木，戶外也有壯觀的樂高模型，孩子常常玩得太興奮，即使做了防護措施，仍然難免跌倒受傷。

因此，就出現行動救護站，服務人員會背著救護包在中心裡四處巡邏，在孩子受傷的第一時間就伸出援手，不必等父母驚慌尋找醫護人員後，他們再急匆匆趕來（圖1）。

這個行動服務，讓受傷的人即時獲得救治，爸媽也更放心帶孩子來，實在是絕佳雙贏。

淡水的黃金河岸，假日時遊客很多，多半是大人帶著小孩，全家出遊。小

1. 美國佛州奧蘭多樂高樂園的服務人員會背著救護包四處巡邏。

2. 淡水的黃金河岸，現在也有消防隊員背著救護箱、騎著腳踏車巡視，主動尋找需要幫忙的人。

孩子活動力強，跑跑跳跳難免跌倒受傷。這時候，總是孩子痛得哇哇叫、父母急得團團轉，左看右看找不到藥局，最後只好趕快打道回府。

現在，河岸上，消防隊員背著救護箱、騎著腳踏車巡視，主動尋找需要幫忙的人，讓遊客的親子遊不會掃興（圖2）。

scene 29

降低成本 VS. 提高價值

服務業競爭激烈，有些店家為了維持利潤，就開始和客人計較。

首先是計較時間。例如，和客人計較接待的時間，因此店家要求客人在現場候位，如果離開喊不到人，就失去座位，或者限制用餐只有一個半小時，和客人計較消費時間。

或者，計較空間。有店家為了拉高坪效，把座位排到最滿，不給客人足夠的空間，客人就會覺得擁擠、吵鬧。

服務動線，例如上餐、撤餐，和客人行走的動線重疊，雙方便容易碰撞，這時服務人員再請客人「燙，讓讓」，實在是喧主奪賓。好的飯店會為自助餐台的空間留下服務動線，自助餐台補菜時是從餐台的內側，而不是從客人取菜的外側，免得妨礙客人使用。

同樣的，也應該給客人專屬的電梯，不能客人和服務人員一起使用。好的飯店會有三種電梯，一種專供客人使用，一種是貨梯，給服務人員和送貨使用，一種是菜梯，專為需要客房服務的客人送餐，因為食物不能和貨物放在一起，即使非不得已，使用貨梯送餐，食物也必須加蓋或放在餐車下層，用酒精燈或保溫箱保溫。因為電梯裡有風扇、有灰塵，會影響食物的溫度和衛生。

廁所是計較心態下，最常被犧牲的空間。大部分餐廳都把廁所設在最不起眼的地方，像許多鄉下的小餐館，廁所在廚房旁邊，地上是濕的，用網袋吊著幾塊用剩的乾裂肥皂，更沒有擦手紙。

廁所最基本要求，是要有衛生紙、洗手乳、擦手紙和烘手機，照明充足、沒有味道。但是台灣有一半餐廳連這些清潔、衛生的基本條件都做不好。台鐵與高鐵的差別不只是速度準點，廁所的水平就是一大落差。

和客人計較，客人就會比較，一些老闆要求降低成本，接下來，他的員工就會對抗客人，不時提防少數客人貪心占便宜，反而得罪了大多數的客人。

有些公司甚至藉著模仿、外包，來降低成本，就更加錯誤了。

想用外包來降低成本，只會找到品質更差的廠商，一旦稽核督導有疏忽，就會造成災難。外包不是不能用，不過，應該用在提升公司原有的品質。

例如有些飯店會自己做月餅，遇上客人要求宅配外送，如果用飯店載客的車子送，很容易撞來撞去做不好，而且車子小，一次送不了幾家，自己做外送簡直就是品質差、成本高。

這時候，飯店就該將送貨外包給專業的宅配公司，他們有冷藏、有貨櫃，送到客人手上時新鮮、乾淨又整齊，連帶提升飯店的品質。

但是，如果飯店為了要降低成本，將原本料好美味可口、包裝精緻的月餅，外包給不講究運送過程及員工服務技巧的貨運公司，結果可想而知，立刻就會接到客訴了。

我因為有蒐集資料的習慣，常常會拍照存檔，因此在朋友介紹下買了一部萊卡（Leica）相機，我很喜歡這部相機。

萊卡是德國著名的相機品牌，出產世界上最早的一三五底片相機，最為人稱道的就是鏡頭品質非常優越，甚至尊崇為「鏡皇」。萊卡在歐洲以外包降低成本時，並未把鏡頭外包出去代工，而是將組裝外包給更有效率的日本廠。這才是外包的最佳策略，所以萊卡在全世界相機行家眼中，地位始終屹立不搖。

最差勁的外包策略，首推大樓保全外包。大樓管理委員會常常為了殺價，每年換保全，每年殺到新低價，自以為占得便宜，其實住戶面對陌生的保全面孔，熟悉感和信任度都不足，反而得不償失。

其實，與其想著降低成本，不如先將基本條件做到位，然後進一步提升價值，吸引更多客人。

就像好的飯店除了提供精緻美食，餐廳的廁所內還會為客人準備牙線、漱口水。以前香港文華酒店則在如廁服務上提升價值：馬桶的材質是青花瓷，洗完手立刻有服務人員送上手巾讓你擦乾。

飯店一般都會為客人提供浴袍，放在浴室裡，但是浴袍旁邊通常還會放著一張卡片，上面寫著「定價三千元，如需購買請聯繫賓客服務中心」，間接提

1.

2. 一般飯店：在浴袍旁寫著「定價 3000 元，如需購買請聯繫賓客服務中心」，間接提醒客人不要私自拿回家。

醒客人不要私自拿回家（圖1、2）。提升服務價值的飯店，則在房間裡的浴袍旁提醒客人：「游泳池、溫泉也有浴袍供使用」，讓客人不必穿著浴袍和穿西裝的人一起搭電梯（圖3、4）。

那麼浴缸旁可以放什麼？好的飯店會提醒客人：「放滿水要三分鐘」，讓客人先放水，然後優雅的去做別的事再回來泡澡，而不是讓客人褪下衣物後，發現水才放了五分之一，無奈的邊發抖邊抱怨。

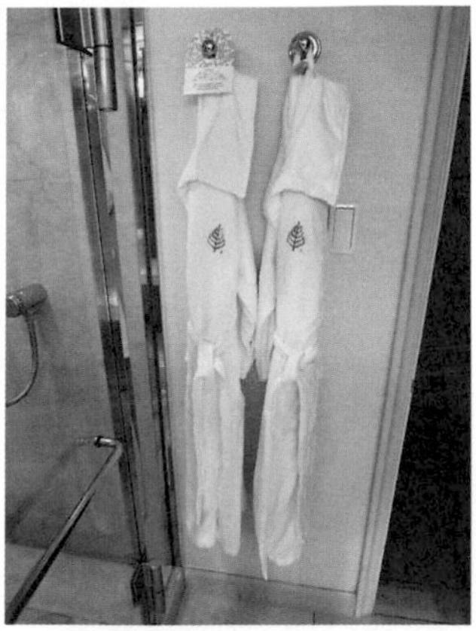

3.

4. 提升服務價值的飯店：在浴袍旁提醒客人「游泳池、溫泉也有浴袍供使用」，讓客人不必穿著浴袍和穿西裝的人一起搭電梯。

scene 30

老闆規定 vs. 客人習慣

大部分台灣人習慣用右手拿筷子，因此，餐廳裡，公筷通常放在菜餚的右邊，客人用起來比較順手。

有一次，我到一家非常高檔的飯店用餐，該飯店在日本擁有五十年的優秀傳統，是日本在地最大的國際五星級飯店集團，在台灣也大張旗鼓，不論大樓外觀或內部裝潢，都由香港知名的設計公司主導。

入席後，服務人員把公筷放到小菜盤左邊，我好奇的問他為什麼，服務人員想也不想就回答：「經理規定！」

這類不用心的答案在很多地方都會聽到，但是出現在頂級飯店，還是令人感到失望。

很巧的，這之後我們去了一家日式連鎖餐廳，飲料來了之後，茶匙把竟然也朝杯子的左邊擺。我又問為什麼，這時，店經理一板一眼的解釋：「一般人用完茶匙，會順手放在杯子右邊。我們上飲料時將茶匙放在杯子左邊，表示這茶匙沒人用過。」

我雖然對這個答案半信半疑，卻非常確信：這個服務雖然違反一般人的使用習慣，但是有個好理由，反其道反而能讓客人印象深刻。

不過，這個「反其道」不能變成勉強客人。

高餐的老師結婚宴客，喜宴設在高雄某家大飯店的餐廳，我們幾個老師一起去吃喜酒。因為大家都是餐飲專業，平常和飯店常有往來，飯店的副總、協理、經理都來跟我們打招呼，所以我們這桌雖然不是主桌，卻成為最聚光的一桌。

這家餐廳將擺飾的花、給客人喝的酒和水，都放在餐桌旋轉盤正中央，擺得漂漂亮亮。這樣雖然方便轉桌，但因為有點距離，客人取用不方便，我們便把飲料拿到轉盤邊緣。

沒想到，服務人員看了，就把飲料推回中央，我們只好又拿到邊邊來，服務人員一來，又放回中央。就這樣，一餐過程中來回六次。

雖然飲料放餐桌中央大概是餐廳的規定，我們還是搖頭嘆息：服務怎麼能一味違背客人需求，不知變通？

許多餐廳服務人員大部分是兼職工作的（part-time），如果沒有受過良好的服務訓練，不一定懂得應變。不過，用點心思觀察，看到主管階級都來打招呼，就應該意識到這桌客人不太一樣，服務上遇到和公司規定不一樣時，就應該向領班報告再處理，領班通常會做出更好的判斷。

同場加映

有沒有好的「慢」服務？

這是很多現代人追求的，如慢食、慢活，有機食品，自然發酵的醋、酒、手工藝品……等，客人知道好的東西需要經過時間的淬鍊，所以值得等待，通常這種商品價格往往也比較高。

當大家講究有機，講究品質商品，就會忍受慢慢的等待。一碗講求真材實料需時慢熬的魚骨高湯，就不會用骨粉快速製泡，所以服務會變成兩個極端，很快的跟很慢的，端看消費者的需求。

消費者需要快的服務，卻去到服務慢的地方，就會生氣。但如果需要慢的服務，你卻很快端上商品，消費者就會懷疑商品的真假。

服務其實是一種生活哲學，我上課、演講、觀察、滿足不同人的問題，去不同行業如輪胎製造公司，給送貨司機上課，送貨司機往往驚訝我對他們工作時面臨的難題知之甚詳，而懷疑我送過貨。送貨司機面對車子可能被拖吊，又不能敷衍客人時，就要用「誘導式」方式服務，例如跟客人說：「有關商品的問題我知道了，也記下來了，我回去會請某人跟你聯絡。」以盡快結束對話。

當時間多時，就可以慢慢跟客人聊天，因為建立情誼後，客人下次才會再上門。所以服務也是有分時間性的。有又好又快的服務，也有又慢又好的服務，當然也有快又爛、慢又爛的服務。

當客人的期待與產品的特色能夠緊密結合時，就是好的服務。

PART

7

寵壞客人的服務

服務業真正的競爭者不單是同業，
也不只是工作人員心中的絕對高標，而是每位客人的經驗。

scene 31

迪士尼樂園人員上遊覽車稱讚司機

迪士尼是全球服務業的典範，實在名不虛傳。

高雄餐旅大學的畢業旅行，每年都會有班級到迪士尼樂園，某次參加觀光局的研習團，到佛羅里達州迪士尼世界參觀，我們的巴士在停車場停好後，停車場管理員上車和司機講了幾句話，然後才離開。

現在有很多飯店、餐廳的服務人員，當客人乘車離開時，會在車下揮手道別，但我卻沒看過服務人員上車。我問司機，管理員說什麼，司機告訴我：「他上來致謝說我車子停得好！」（圖1）

特地上車稱讚司機？沒見過，看似簡單，卻顯出迪士尼服務的細膩與獨到。

在台灣，不論去大賣場、飯店、餐廳，顧客進出停車場時，只會看到柵欄升起、放下，頂多加一句錄音的「歡迎光臨」、「請按鈕取票」、「謝謝光臨」，千篇一律。即使標榜親切如柑仔店的便利商店，「叮咚」一聲配上店員頭也不抬的喊「光臨」（「歡迎」兩字已被省略了），更是各家一致的做法。

以前我在永豐棧麗緻服務時，恨不得拿掉停車場「歡迎光臨」、「請按鈕取票」的錄音問候，不過廠商說要花十四萬元修改程式，我只能請服務人員在客人離開時，自己再加上「謝謝」、「請慢走」。

從停車場開始就做到這麼個人化的服務，迪士尼實在太超前了。而接下來，我們也沒失望。

我和同事排隊要進園，按指紋進閘門時，服務人員就和我寒暄起來，先問：「How are you Patrick?」「Where are you from, Patrick?」

1. 迪士尼停車場人員上車稱讚司機，沒見過吧？看似簡單，卻顯出迪士尼服務的細膩與獨到。

2. 迪士尼服務人員和我寒暄：「Where are you from, Patrick?」我驚喜的告知來自台灣，他立刻用中文說：「你好！」

在異鄉，聽到陌生人喊我的名字，我開心的告訴他：「Taiwan.」

「你好！」他立刻改用中文說（圖2）。

遠在佛羅里達州聽到自己的母語，這種驚喜更多了一重。我開心和同事分享這「奇遇」，同事卻一臉冷靜告訴我：「你胸前的名牌沒拿掉。」

我低頭一看，沒錯，我忘記拿掉名牌，不過，這又如何呢（圖3）？

3. 我的迪士尼參觀名牌。

很多服務人員即使知道客人的名字，也不會喊。更何況，在美國很多人連台灣和泰國都分不清楚，迪士尼這位服務人員還會說一、兩句中文和客人寒暄，不是很值得稱讚嗎？

有些服務人員也想和客人對話，卻老是擔心萬一猜錯不好意思。猜錯沒什麼大不了，頂多客人更正你「我不是日本人，我是台灣人」，**客人不會生氣，反而會在你的嘗試中感受到服務的熱情，這不就是服務的最終目的嗎？**

香港洲際飯店裡有一家 Nobu 餐廳，老闆兼大廚松久信幸（Nobuyuki Matsuhisa）一九九四年在紐約開餐廳，以經典日本菜融合南美洲風味的無國界美食聞名後，又到香港開店。大概十年前，一份餐平均單價就要五、六千元。

號稱餐飲業奧斯卡獎的「詹姆斯比爾德基金會大獎」（James Beard Foundation Award），曾頒給 Nobu 餐廳「最佳新餐館」，松久本人也被提名「傑出主廚」。

我到朋友香港的公司演講，結束後，聊到天昏地暗不能罷休，於是到 Nobu 用餐。朋友是 Nobu 的熟客，我們一進去，服務人員立刻上前來招呼：「林先生好，先生你好。」然後，帶我們到座位上。

上餐前，服務人員分別為我們鋪上口布。我發現，朋友的口布是黑的，我的口布是白的。我好奇環顧四周，餐廳中所有客人的口布都是白的。

朋友是常客，我問他：「為什麼你的口布是黑的，我的口布是白的？」

「因為你是客人，我是買單的人。」

一個好奇的人絕對不會接受這種隨便的答案，我質疑道：「全餐廳的人都是白的，難道你全部買單？」

等服務人員再來時，朋友便請教他這個問題。

「因為林先生穿黑色褲子，深色褲子沾上白毛絮不容易清理，所以特地為您換上黑色口布。」

服務精細到這個程度，實在令人佩服。

我們酒足飯飽即將離開，朋友要去洗手間，還要帶我去，「這裡的洗手間很難找。」

我沒有需要，就在座位上等他，他去了很久還沒回來，我想與其乾等，不如我也去一趟好了。

剛站起來，服務人員就過來了，「先生，你要去洗手間嗎？」

「是。」

「我帶你去，我們的洗手間比較隱蔽，很難找。」

我便讓他領路。果然是非常隱蔽，容易迷路，過穿堂、左轉、右彎、進兩道門，終於到了洗手間。等我出來，正打算憑記憶循原路回去，只見走廊盡頭站了一位阿姐揮手招我過去：「先生，我帶你回座位。」

這就是世界級餐廳「揪感心」的難忘服務。

scene 32

銀行員到府換新鈔，還特製 Hello Kitty 印泥

現在的消費者跑遍世界各地，很容易就接觸到迪士尼、Nobu 這樣的服務，消費者的眼界和品味，往往比業者提升得更快，這也是服務業客訴事件一直增加的原因。

一家企業的服務要提升，一定得有一群願意和顧客經驗競爭的員工。

我有個朋友在淡水開店，一開始很多銀行不看好她，不樂意提供支票存款戶頭，只有淡水一信樂意提供。後來她的小店經營得不錯，每當要將每週的營收存款、過年時要換新鈔，銀行的副理都會體貼告訴她：「老闆娘，你不必自己過來，我們幫你送啦。」

客戶的大小事，這位副理都一樣貼心。有一次朋友在文件上蓋章，章糊了，副理告訴她：「你的印泥不好。」幾天後，朋友收到副理送的 Hello Kitty 印泥，Hello Kitty 並沒有印泥產品，這個印泥顯然絕無僅有：新印泥是副理用心調的，

盒子是女兒割愛的糖果盒（見圖）。

我很不喜歡用現金在高鐵的自動購票機買票，因為找零時總會掉出一大堆銅板，拿著實在不方便。有一次，在新竹高鐵站一個服務人員看到我手上一大捧零錢（七十一個十元幣），主動過來說：「我幫你換成鈔票。」其實拿了就拿了，也不會太在意，我告訴她不必換了，她卻還是誠懇再三提議，直到我一再拒絕才放棄。

雖然高鐵的購票機不能改善，但是這位服務人員的態度，已經改善了旅客對高鐵的印象。

淡水一信副理特製給朋友的 Hello Kitty 印泥，盒子是副理女兒割愛的糖果盒。

針對客人不同需求提供獨特的服務，是個人化，若是針對某些人才提供特別服務，就是勢利眼了，後者絕對是服務業的禁忌。

我在亞都麗緻飯店工作時，有一年除夕為了準備紅包，到公司薪資轉帳的銀行領錢。沒想到銀行的電腦當機，經理說沒有金額紀錄，暫時不能讓我領錢。

我一時愣住，一個人要領幾十萬的錢通常是急需，銀行竟然對客人的需求這麼無感，絲毫沒有嘗試提出解決方法，尤其這不方便還是銀行造成的。其實，調帳單、報表就可以知道客人的存款金額，甚至再要求客人出示證件確認身分，都是可行的融通辦法。我氣憤離去。

可能是服務台小姐認識我，告訴經理我的身分，這位經理開始每天猛打電話到公司找我。我因為忙碌又要四處出差，大概五天後，才從秘書手上接過他的電話。

他開口就說：「對不起，我不知道你是總經理……。」

我一聽，更生氣了，服務怎麼能因身分而異，即使去銀行的是我們飯店的基層人員，他都不應該這樣對待客人。

這之後，我就把公司四百人的薪水轉帳從他們銀行轉走了。

scene 33

授權第一線：讓客人滿意

我和朋友去泰國開會，住在一家知名的飯店。我們住的樓層屬於貴賓樓層，有自己的早餐自助吧，我去吃早餐的時候，剛好遇到一對夫婦用餐完準備離開。一位名牌上寫著「George」的服務人員對他們招呼道：「你們去參加 tour 要不要帶幾瓶可樂在路上喝？」

外面天氣很熱，能隨身帶著冰涼的可樂，就像水庫乾掉之前突然來場大雨，的確是即時又貼心的提議。

在自助餐廳，一向只聽過餐廳防著客人帶走食物，還沒聽過服務人員鼓勵客人外帶飲料的。

這樣的飯店當然很受歡迎，可惜我們只訂到兩天，第三天便得換飯店。

這一天，我們把行李託給櫃檯，準備參加當地一日遊的行程。結帳時，服務人員和我們聊天，知道我們要參加騎大象、泛舟的旅行團，他便說：「你們下午回來時如果有需要，可以使用我們健身房的浴室。」

這家飯店的第一線人員一定被充分授權，才能在發現客人的可能需求後，快速反應，讓客人對飯店的滿意度立刻攀升。這是好飯店的服務意識。

我在永豐棧麗緻飯店工作時，曾經有客人跟我抱怨晚上睡得不好，我不但免掉他的住宿費，還另外招待他住一晚。當年亞都麗緻飯店就授權櫃檯服務人員一定的額度，只要客人對某項服務不滿意，就把那筆帳銷掉，用意就是讓現場人員靈活應用，務必讓客人驚喜。

四季酒店創辦於一九六〇年，是跨國豪華連鎖酒店集團，被《旅遊休閒雜誌》及《Zagat 指南》評為世界最佳酒店集團之一。在四季，很早就授權員工一筆非常高的額度，來補償客人的不滿意。

要做到彈性授權又不致造成管理混亂，當然需要一些條件。首先，公司要培養出專業而熱情的員工，另一方面，主管也要具備經營的高度和氣度。如果兩者都缺乏，處理敏感的客戶不滿意問題時，就危險了。

有一家泰式連鎖餐廳以產品標準化聞名，食材由中央廚房大量採買，食譜也由中央廚房統一制定。

這家餐廳的優點也是問題所在，因為標準化，這家連鎖餐廳各分店的廚師無法負責菜的品質，因此如果客人有什麼反應，都無法即時改善。

反映在服務上，也是如此。

有一次去用餐，點了蝦醬空心菜，以前吃總覺得過鹹，這次是菜很老，大家都無法入口，幾乎整盤沒動。

結帳時，服務人員照例問我們今天吃得如何，我老實告訴她，空心菜太老了。她一臉木然，對我們的抱怨沒有任何回應，更別說把這道菜的錢劃掉。

其實，如果企業不想處理客人的不滿，就不應在流程裡設計問客人是否滿意的環節，既然讓服務人員關心了，就要提供後續的方法授權給員工處理，否則客人的印象反而更糟。

不過，這種虛應故事的服務並不少見。

我和朋友到另一家餐廳用餐，桌上每道菜都吃得乾乾淨淨，唯獨有道海瓜子，一整盤只開了九顆，我們吃了九顆，其餘二十二顆全部原狀留著。

吃得差不多了，服務人員也懂得關心客人的用餐狀況。我們客氣的說都很好，但手卻指著大多未開的海瓜子，那名服務人員立刻轉身走人，結帳時，同樣沒做任何處置。

當客人對你的產品或服務不滿意時，企業應該提出補償。有誠意的賠償，不能斤斤計較於公平或實際消費金額，而是「賠其實際損失、償其心靈損害」。

想一想，當客人開開心心上門來用餐，也許是要贏得女友的歡心，也許是要犒賞員工的辛勞，結果卻吃得怨聲載道，他們的損失，何止是一餐費用，還有請客的美好心意也同時被糟蹋了。

以上兩個例子，雖然現場第一線員工對於客人的不滿，表現過於「麻木不仁」，但是追根究柢，並不是他們的錯，而是公司沒有授權他們靈活處理。

從前一陣子的食安風波中，看各家店的應變方法，高下立判。

有的店，消費者大罵店家刁難，員工氣憤反擊，不僅沒達到賠償的真正目的，反而惹來更多風波。消費者的遷怒行為不對，服務人員也太情緒化，但是，如果經營者有寬大的策略，這些衝突就不會發生。

看基隆李鵠餅店的做法，就是最好的例子。李鵠餅店是創立於清光緒年間（西元一八八二年）的百年老店，當他發現自己的產品用到壞油，不僅讓消費者憑發票退費、憑盒子退費，就算吃光了只剩袋子來退費，也可以。連我這樣見識過許多危機處理的人，都覺得太令人感動。

結果如何？賠償金額增加有限，但是媒體、民眾反過來稱讚店家負責任的態度，李鵠餅店的商譽沒被食安問題打倒，反而悄悄更上一層。其他餅家卻因為客人的舉據不夠完整，不退費而吵了一個禮拜，員工都吵哭了。

經營者的格局、服務人員的熱情，如果再有成熟而誠實的消費者，一切服務就水到渠成了。不過，即使社會還不具備這些條件，先驅者也要以身示範，引導員工服務，找到對的客人。

scene 34

幫客人的首飾配個珠寶盒

服務人員不能碰觸客人的身體，除非有業務需要，例如按摩、推拿等，一旦要進行服務，也得事先告知客人。例如醫師要為病人做超音波檢查，一定要提醒病人接下來要上潤滑膏、機器會冰涼，還要有護士在旁邊。

客人的服務紀錄也必須保密，例如誰上門求診、誰住了哪家飯店。台灣的各行各業喜歡行銷名人，大家也見怪不怪，這其實不是正常的現象。

新加坡萊佛士酒店（Raffles Hotel）成立於一八八七年，是一家以高檔及歷史出名的旅館，一九八七年被新加坡政府列為國家古蹟。萊佛士酒店曾住過許多中外知名客人，有一次媒體採訪，記者問酒店董事長：「請問萊佛士住過哪些名人？」董事長堅定的說：「我不能告訴你。」反觀台灣，每家飯店都爭相標榜哪些名流曾經住過。

在飯店餐飲業裡，還有一種私密的服務要小心拿捏尺度。

有些客人生活習慣好，無論住房幾天，都會把個人物品收拾整齊。有些客人生性瀟灑，牙刷、牙膏、隱形眼鏡盒、化妝水全部散在浴室流理台上，書籍、資料、筆攤滿整張書桌，這時客房清潔人員總會有條不紊把東西整理好。

不過，有一次，在飯店實習的學生一臉無辜告訴我，他們按規矩在流理台上鋪上白色小方巾，然後把客人的東西一個個整齊擺上去，有些客人卻不高興的質疑：「你們怎麼能碰我的私人物品？」

碰觸私人物品的分寸，非常微妙。

如果是浴室，客人收在杯子裡的東西，可以連同杯子一起動。但是落在杯子外面的物品，卻不能輕易碰觸，最好在旁邊放一條小方巾，擺上肥皂等小物品，引導客人自己把物品統統放在方巾上。

我有個朋友在日本住飯店時急著出門，連首飾都來不及收。回飯店後發現，首飾旁邊多了一個珠寶盒，原來是飯店人員提供給她放飾品的（見圖）。

至於桌上的書、文具，可以幫客人堆齊收好，但是攤開的書，卻不宜為客人闔上，可能客人正讀到那一頁，一旦闔上，他要繼續讀時還得找半天。

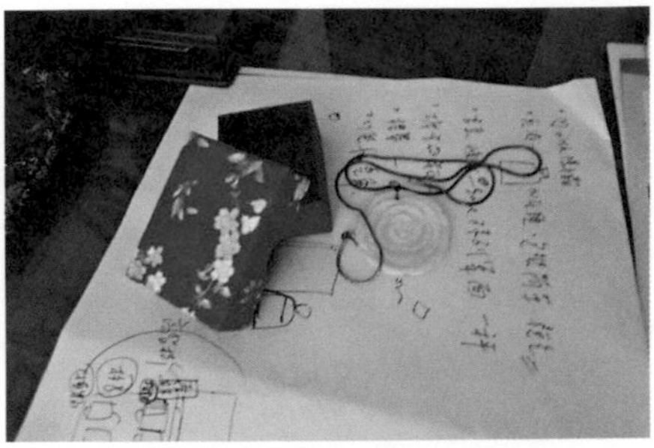

有個朋友住飯店後急著出門，連首飾都來不及收。回飯店後發現，首飾旁多了一個珠寶盒，原來是飯店人員提供給她放飾品的。

丟在床上、掛在椅臂上的衣服，服務人員可以放心為客人摺疊好。因為一般人對不會碰觸到口、臉的物品，比較不會介意被別人摸過。

會碰觸到客人嘴巴的部分，服務人員絕對不能直接碰觸。好比為客人加水、續杯，絕對不能碰到杯緣。

有一次幾個朋友去吃飯，發現席上有位貴賓拿起桌上的咖啡後，盯著杯緣不斷轉動杯子，最後，竟然從握柄上方就口。原來他擔心杯子沒洗乾淨，握柄上方不方便就口，一定比較少人碰過，應該最乾淨。

這個例子雖然有點誇張，卻很貼切反映客人的心思。因此，提供給客人的餐具，不僅要消毒清潔，好的飯店還會用布巾包好，免得沾染灰塵或受到不必要的直接碰觸。

但有些餐廳會在餐巾摺法上玩出繁複的花樣，這就過猶不及了。因為花樣越多表示手碰觸的機會越多，大大增加汙染的風險。

相反的，如果能滿足客人隱私的特殊需求，例如他愛什麼樣的枕頭、牙刷或零食，幫客人準備好，讓他彷彿在自己家中一樣舒適，這樣的服務就成功了。

同場加映

服務人員下班後，可以做哪些事情或什麼方式紓壓？

第一，可以去精進自己的專業，在精進自己的同時就會動腦或動手，投資在自己身上的東西都是好的，可以讓自己變得更好。

第二，可以去運動或做家事，做家事雖然叫勞動，但舉手整理後，心情是愉快的、有成就感的，整理也是紓壓的方式。

運動則要做能增進心肺功能的活動，如跑步、騎腳踏車、跳有氧舞蹈、做瑜伽，持續三十分鐘，心跳至少一百三十下，一個禮拜進行三、四次，可以有效紓壓，又可以增加體力。而且在運動當時，血液快速運行到腦部，可以活化腦細胞，產生新想法。所以我喜歡運動，我有五〇％神來之筆的新想法，都是在運動時產生的。

第三，可以閱讀或聽音樂，可以讀跟自己有關的專業書籍，也可讀休閒的、人文、小說。聽音樂很好，可以讓心情平靜。或者去旅行，邊逛街邊讀人，找個有趣的、生活閱歷多的，會說故事的人聊聊天，甚至把心中的苦悶跟一個工作不相干的人說說，只要把苦悶宣洩出來，問題就已經解決一半了。

面對年輕一代的服務人員，企業要用什麼態度對待？

對於年輕一代的服務人員，老闆要提供較多選擇和變化，不要讓年輕服務人員做一成不變的事情，他們容易厭倦。年輕一代接收的訊息很多，選擇也多，在找工作時，面對的誘因更多，所以老闆可以採取輪調、改變工作流程、給予新任務、讓他們參與新挑戰，才不至於厭倦。

更重要的是，年輕一代喜歡外在擺酷或寡言，回到自己網路世界卻牢騷一堆，我們必須拿捏分寸，給予規範及教導。若沒有及時教導，他們有問題不找公司主管反映，反而在網路上大吐涉及公司的個人苦水，這種不自覺，卻是嚴重的錯誤，不只影響公司，也影響個人的聲譽及職場生涯。

企業老闆要給年輕人更多關注，因為年輕一代是在三代起碼六個人的關懷環境中成長，所以在組織裡需要更多關愛的眼神，他們不像我們上一代的人是打不死的蟑螂，現在年輕人容易受創，但這樣就把他們換掉嗎？不行，還是要把他們護住、留住，增加他們的免疫力才行。

PART

8

有溫度的服務

提供這類服務的可貴之處是背後的貼心感。

scene 35

機場、樂園、超市花心思體貼行動不便者

在香港赤鱲角機場下飛機後，有接駁公車載旅客至市區，地上有一區畫了「輪椅」標誌，是專給行動不方便者等候用（圖1）。

原來，在香港，坐輪椅的人不必跟其他人排隊等車，我想起美國的迪士尼樂園。

有一年我帶學生出國畢業旅行，有個同學出發前跌斷腿，上了石膏。大家勸他放棄畢旅，他卻不甘心，打算一路坐輪椅也要跟去。當我們到迪士尼時發現，不管要玩什麼設施，行動不便的人都不必排隊，而且，為了不讓他失去和朋友同樂的機會，所有和他同行的人也不必排隊。這下子，全班都黏著這個同學不放（圖2）。

雖然迪士尼和往常一樣人擠人，我們卻如入無人之境，全拜有行動不便者同行之便。

在奧地利，我們也看到超市如何方便不方便的人。

畢業旅行時，為了讓學生守時，不要因買紀念品忘記時間，而耽誤旅程，我告訴學生：遲到一分鐘罰一歐元，在哪一國就罰哪一種貨幣。

這次是在奧地利，離開車時間已經過五分鐘，有位同學才氣喘吁吁跑回來。

「同學，五歐元！」我站在遊覽車門口，伸手要錢。

「老師，可是……」

「先給錢再申訴！」

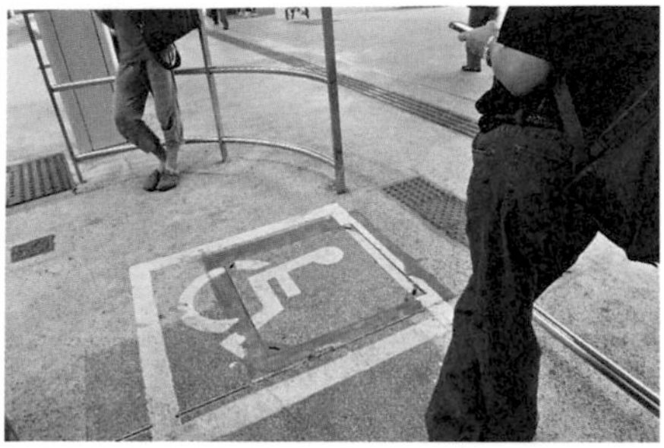

1. 香港赤鱲角機場接駁公車區地上畫了「輪椅」標誌，專給行動不方便的人等候用。

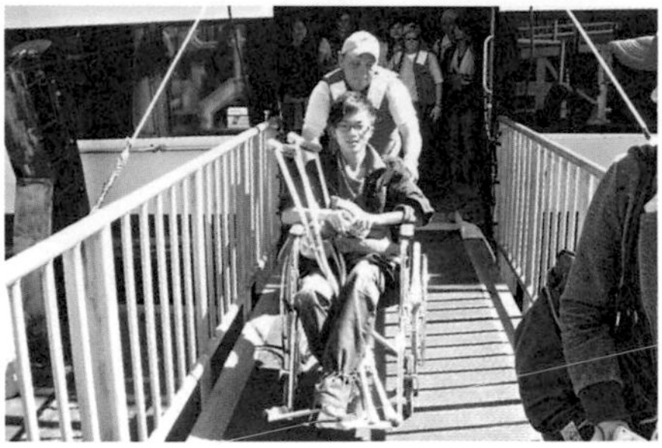

2. 在迪士尼，不管要玩什麼設施，行動不方便的人都不必排隊，而且，和他同行的人也不必排隊。

3. 台灣坐輪椅人士，必須把菜籃放在自己膝蓋上。

4. 奧地利專為坐輪椅人士設計的購物車。

學生乖乖拿出五歐元，然後說：「我剛剛在超市買東西，但是超市的購物推車很奇怪，我推右邊它跑左邊，我推左邊它跑右邊，花了好多時間。所以，我就來不及了。」

「真的？」我很好奇，「帶我去看。」

學生帶我去那家超市，我仔細看了推車，恍然大悟。

不是車子怪，是同學搞錯前後方向，這是專為行動不便坐輪椅人士設計的購物車，車子一頭窄、一頭寬，上寬下窄的那一端是車頭，上窄下寬的那一頭則是讓輪椅直接進入，因此坐輪椅的人也能推車，不必像台灣一樣，把菜籃放在膝蓋上（圖3）。同學推的是上窄下寬的這一邊，當然錯了（圖4）。

行動不便的人，也有權利像一般人過獨立有尊嚴的生活，從企業到政府，都有責任提供讓他們更方便的服務。而且，服務要比給一般人的更周延。

台灣雖然幾乎人手一手機，桃園機場還是設置了公共電話，而且很貼心的為不同旅客設想，位置較高的，給一般人用，位置較低的是方便坐輪椅者和小孩。可是，不知道為什麼，兩者的電話說明書高度卻沒有不同。難道只要握住話筒，雙腳不便的人就能站起來、小孩就會長高？

說明書要隨著話機高度而調整，不過，不是調低就可以。說明書貼在電話機上方，使用者用仰角看，視線容易被遮住；如果放在話機旁邊，就符合視覺動線了（圖5）。

台灣的導盲磚，也是缺乏全盤思考的

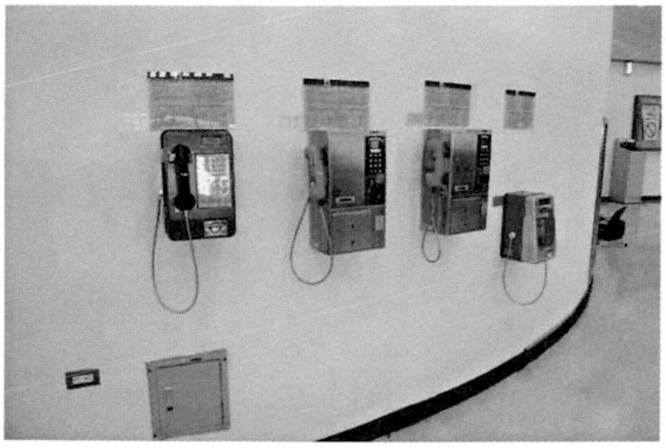
5. 以前桃園機場的公共電話高度有彈性，若說明書能隨話機高度調整，就更符合視覺動線。

一大奇景。

為了讓視障朋友能獨立出門，台北的紅磚道上多半設有導盲磚，只是這導盲磚總是鋪著鋪著莫名其妙就斷了，一段空白之後，突然又冒出來（圖6），日本則不然（圖7）。

這是考驗視障朋友有沒有摩西過紅海的信心和勇氣嗎？

台北捷運的列車一進站，就會看到服務人員牽引視障朋友到車廂，交代列車長在哪一站下車。到站時，月台上已經有服務人員在等待，接視障朋友出站。

6. 台北的紅磚道上多設有導盲磚，只是導盲磚常鋪著鋪著就斷了。

7. 日本車站地上標示清楚而不斷線的導盲磚。

在日本，一個坐輪椅的人，也可以自己從機場一路用大眾交通系統進入都市，便是在每個轉接的地方，都有服務人員細心協助。

馬路如虎口，對視障的人更是如此。台灣有些十字路口的紅綠燈，會有為盲胞設計的音箱，視障朋友一按就能依鳥叫聲或蟲鳴聲，辨別前方是紅燈或綠燈。香港街頭也有這種設備，且更體貼，會自動跟隨紅綠燈變化而轉換聲音，不需要視障朋友再摸索著去按按鈕。

日本對視障者的照顧，已經超乎「安全」的基本要求。日本政府在大型公共建築旁邊，例如捷運站入口、公共廁所等公共區域，為看不見的朋友提供音箱。這音箱會發出很低頻的 bee 聲，視障者一聽就知道自己到了一處公共設施，然後請路人幫忙介紹這地方的功能。在日本羽田機場長長的廊道中，有一通道通往男女廁所，在通道入口用英、日、中、韓四種語言輕聲的不斷提醒路過的視障者，廁所在通道內。

scene 36

海鮮餐廳老闆兼任司機接送年長客人

由台東往綠島、蘭嶼的快艇，都從富岡漁港出發，這裡有一家美味海鮮餐廳「美娥小吃」，不只食物好，連廁所都乾淨漂亮。店老闆美娥，也是很有氣質的美麗女士。

因為常到台東輔導民宿，我跟著嚴長壽總裁來這裡吃了幾次飯，每次來，美娥都來和大家聊天，漸漸就成為朋友。

有一天「美娥」店裡來了幾位老人家，他們搭遊覽車出來旅遊，領隊放他們在這裡吃飯，就讓遊覽車開走。一群老人家吃完飯，危危顫顫的起身，準備到港口搭船。

美娥一看，不行！這段路的路面不平，一般人走來都要花十多分鐘，何況是七老八十的他們，於是她自告奮勇說：「我載你們去。」

老人家如獲至寶，開心的致謝。

美娥是個生活優渥、養尊處優的人，但是，她沒有自恃身分。天氣很熱，她穿起南部婦女常穿的防曬衣，全副武裝，開出小卡車（她平常可是以雙B代步的），然後幫客人把行李一件一件扛上車，開開心心的載老人家去搭船。

載客搭船一點也不是美娥的事，她卻因為對老人家有同理心而主動去做。像這樣的人，實在不多（圖1）。

台灣的企業精打細算，很少會超越法律規定，主動服務弱勢者。其實，老年社會是趨勢，早看到，才能早得先機。

1. 富岡漁港「美娥小吃」老闆美娥愛心擔任年長客人的司機。

2. 日本橫濱的皇家花園酒店在電梯裡準備了讓老人家休息的椅子。

進入高齡化社會最久的日本，在許多服務上，都會顧及銀髮族的需求。橫濱的皇家花園酒店（Royal Park）是橫濱最高的飯店，從房間看出去，東京灣近在眼前。酒店總樓高七十層，比起台北一〇一不算特別高，電梯從一樓到最高層樓，大概只要一分鐘，但酒店還是在電梯裡準備了椅子讓老人家休息（圖2）。

北投加賀屋也有這樣的服務，因為不少上年紀的老先生、老太太來泡溫泉，電梯裡特地放了椅子。

台灣社會高齡化的速度全球數一數二，我們政府的觀念卻還在倒退嚕。

台北車站的大廳沒有設任何座位，官方的理由是：有座位，遊民就會在那裡聚集。可是，等車等人或買票的老人家不需要歇腿嗎？等候朋友的人不需要休息嗎？為了防範某些人卻不服務大部分人，實在是因噎廢食。台鐵甚至把整個大廳營業場所都委外經營，台灣的企業很會賺錢、很有生意頭腦，但主動貼心替各種民眾設想的卻是少數。

scene 37

桃園機場、高雄捷運關懷外來者、少數人

我們常說要關懷弱勢，但弱勢者不只老弱婦孺，對所有經驗不足者、少數人、外來者，都需要多一點照顧。

我到台北BELLAVITA閒逛，逛到一家賣水晶燈的店。這家店非常高檔，我雖然穿著還算「速配」，但是明顯不是他們的客群，可是服務人員依然詳細為我介紹集團品牌的組成、燈的特色、設計等，讓我覺得備受尊重。

好的企業，不會讓顧客困窘或不便。因此，不會排斥不消費的客人、不會限制最低金額，不會忽視不同文化的生活差異。

有些東方的旅館會為回教徒在房間準備禱告墊，回教國家的航空公司，如阿聯酋會在螢幕上隨時依飛行方向，為回教徒指示正確的禱告方向。

桃園機場近來也有進步，為回教徒設了祈禱室，還細心的分男女。同時也一視同仁為佛教徒設佛堂、為基督徒設禱告室。雖然使用的人不多，但精神卻

讓人尊敬（圖1）。

英文標語在台灣隨處可見，可惜常常看到錯誤的用法。

例如全票、半票，正確的用法是 full fare 和 half fare，許多地方會用 adult ticket 和 childticket。比較荒謬的是台鐵，在台北車站上用 adult fare 和 child fare（圖2），在列車上則用 adult ticket 和 child ticket（圖3），不知道外國人會不會玩這種「連連看」？

又如一些政府局處、單位的名稱，用音譯會讓人啼笑皆非。照片中早期水利局所立的河川牌子，用英文拼出中文的音，即使外國人念得出來也不懂（圖4）。

高雄捷運在服務不同語言的旅客這一點上，就做得不錯。列車到重點站如火車站、高鐵站、航空站時，廣播中先是國語、台語，然後英語、日語。台灣有不少日本觀光客，卻只在高雄捷運聽到這項服務。

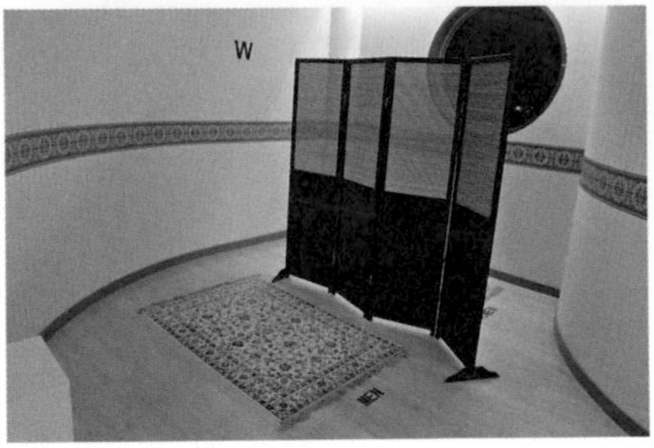

1. 台灣機場為回教徒設了祈禱室。

2. 台鐵車站上的全票與半票英文標示。

3. 台鐵列車上的全票與半票英文標示。

4. 水利局所立的河川牌子，英文讓外國人看不懂。

scene 38

友善的公共設施和標示受人歡迎

台北的 U-Bike 滿街跑，除了上班族通勤騎乘外，也有不少觀光客使用。倫敦也有 U-Bike，而且 U-Bike 站牌上會繪製附近區域的地圖，讓不熟悉該地方的外來旅客，也可以四處趴趴走（圖1）。

一個都市對外來的人是否友善，從大眾運輸系統的設計就可以看出端倪。

在台灣許多都市，甚至是台北，常聽到乘客問路人或司機：「我要去＊＊，要在哪一站下車？」巴黎的公車處就厲害了，行車路線圖底下就是巴黎地圖，要去哪裡應該在哪一站下車，不必張嘴問，看得清清楚楚（圖2）。

台灣人喜歡說「路長在嘴巴上」，從某個角度看，是我們得到的服務太少。

板南線市政府站是捷運站和商場共構，有個出口在阪急百貨，但是這個出口的指示上，只見阪急百貨、市政府，卻沒標示其他著名商場，例如誠品信義店，是很多觀光客造訪的地方，不應該漏掉。

板橋站也有同樣的現象，板橋站是高鐵、台鐵、北捷共構，人潮眾多，但因競爭關係，民眾就看不到大遠百的指示方向。

商場想網羅人潮可以理解，但是更應該站在消費者的立場思考，滿足消費者的需求，更何況，方便了客人才會結成市集，帶來更多人，利人也利己。

有些企業只考慮自己的利益，甚至堂而皇之的占大眾便宜，就像屈臣氏，幾乎所有分店都占用騎樓擺設商品，讓行人少了路面，實在令人反感。

不過，在台灣，行人的權益常常被忽略。

台北市的路口，不知道為什麼，斑馬線不從騎樓開始畫，而是從紅磚道

1. 倫敦的 U-Bike 站牌上會繪製附近區域的地圖，讓外來旅客也可以四處趴趴走。

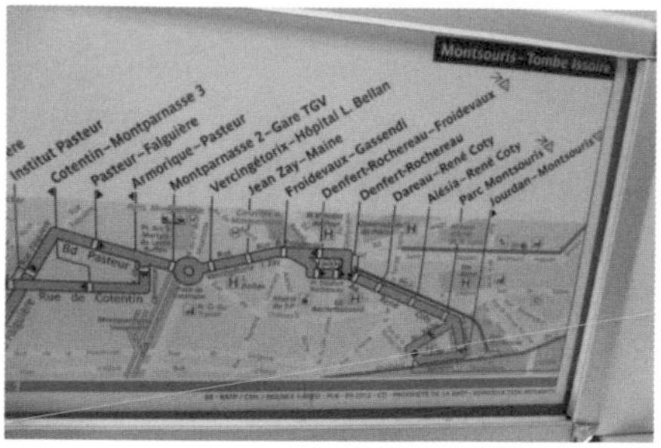

2. 巴黎公車路線圖底下就是巴黎地圖。

3. 台北市的路口，斑馬線不從騎樓開始畫，而是從紅磚道前開始。

前開始，但大部分行人都會走騎樓，難道要行人特意繞到紅磚道再過馬路（圖3）？

其實，只要斑馬線畫寬一點，行人從哪裡走都方便。

香港的斑馬線就是這樣，它還會提醒過馬路的行人「望右（向右看）！」

香港有許多外國觀光客，最多的大概就是中國人、台灣人。這兩地的習慣是不論人、車都靠右，因此他們過馬路時只會注意左邊來車。但是香港的車子、行人是靠左的，車子會從人的右手邊開過來。應該常有中國旅客因為忽略了右方來車，過馬路時就被撞上了。

為了讓不熟悉當地的旅客不再發生交通事故，因此香港的斑馬線上，會漆上大大幾個字「望右、望左」（圖4）。

除了路上的安全，外出的人也有一些生理需要。

英國倫敦攝政公園（The Regent's Park）位在市中心，有湖、有河、有花園、有假山，是非常漂亮的皇家公園，如今部分對民眾開放，成為倫敦最大的戶外運動公園。

因為在市中心，所以來這裡休閒、運動的人自然很多，為了方便他們，攝政公園裡設有公共飲水機。另外美國養狗、遛狗的人多，在舊金山藝術宮的公園裡也有專給狗用的飲水設施，人、犬一起受惠（圖5）。

法國在一百多年前就有戶外的公共飲水機，二〇一〇年，巴黎市政府還在Jardin de Reuilly 公園裡，安裝了新的飲水機（圖6），除了提供常溫水、冰水，還有會冒氣泡的蘇打水，讓人免費暢飲。義大利羅馬每個噴泉的水都是可以飲用的。

幸好，台灣現在也有很多公共場所為旅客提供飲水機（圖7）。

4. 為了讓旅客不再發生交通事故，香港的斑馬線上，會漆上大大的「望右、望左」。

5. 美國養狗、遛狗的人多，在舊金山藝術宮公園裡的飲水設施，有高有低，人、犬一起受惠。

6. 巴黎街頭的飲水機。

7. 台北市公園的飲水機上面還貼著護貝的説明書。

scene 39

補償，讓客人記得你的好

「啪！」我走在麥當勞的樓梯上，聽到東西掉地上的聲音，回頭一看，有位先生打翻餐盤，可樂灑了、薯條掉滿地。

服務人員帶著年輕的小員工快速去整理地板，一個個分解步驟，教得很仔細。那個客人從頭到尾愣在一旁。

我上樓找了位置坐下，過了一會兒，那位先生也上樓了。我特地看了一下他的餐盤，上面只有一個孤零零的起士漢堡。

其實在麥當勞有「補償性服務」的規定，也就是說，如果顧客不是惡意，例如像這樣的疏忽，麥當勞應主動補給這位先生一份可樂和薯條，讓客人不至於因為一時疏忽，沒了食物，也掃了興。

可惜服務人員沒有將公司的好意，傳達給客人。

許多服務好的地方，都有這種補償性服務。

我第一次知道這種政策，是在一本介紹迪士尼服務的書上。後來我到迪士尼，也親眼目睹這一幕。

邁阿密奧蘭多的迪士尼靠海，常有海鷗在這裡覓食。因為被人餵慣了，這些海鷗不會分辨客人手上的食物是要給牠的，或自己吃的，所以常發生人鳥搶食大戰。

我在園區內閒逛時，遠遠看到有個小男孩手裡拿著一支大熱狗，蹦蹦跳跳跑過來，他正開心的和爸媽說話，突然腳下不知絆到什麼，整個人摔倒在地上，手裡的熱狗，咚咚咚滾開。這時，一隻海鷗立刻俯衝過來，叼起那熱狗，得意的飛走了。

就在小男孩含著不捨及疼痛的淚水要爬起來之前，一支新的大熱狗遞到他眼前，是服務人員送來的。我看著小男孩破涕為笑，真是感動。

原香港麗晶酒店，現在已經改由洲際酒店經營，是全球前十大飯店之一，它的補償性服務流暢到客人話也不必說，三十秒內完成。

大概二十年前，我到香港參訪。不論當地夥伴或一起前去的同事，都跟著我忙來忙去，我要離開前便仿效耶穌「最後的晚餐」，在麗晶請了十二個人吃「最後下午茶」。

麗晶的下午茶自然有相當水準，冰咖啡的黑色冰塊是咖啡結凍的，三明治、蛋糕也都有巧思，大家看了都嘖嘖稱讚。

趁著氣氛輕鬆，我拿出地圖來，想和大家討論接下來要去哪裡，這時悲劇發生了。

我打翻桌上的杯子，杯子破了，喝了一半的果汁瞬間灑在桌面上，我不自覺發出一聲：「啊！」彷彿武俠劇一樣，旁邊的白衣人立刻無聲上前，撿玻璃清理桌面，另一個用乾布擦乾，再用手掌撫過，確認桌上沒有碎玻璃，然後再一個人送上一整杯新的果汁。

從我「啊」到新飲料上桌，只有三十秒。這樣的流暢，顯然已是企業內部共識，員工經過訓練、演練，而能優雅俐落的演出。

在台灣的服務業，也陸續有這類政策。達美樂披薩推出的「三十分鐘美食送到家」，逾時免費，就是補償性服務的一種。

對客人來說，這服務的好處不在於貪求那點錢，當他們對著手錶計算還差幾分鐘的時候，為的是和店家互動的趣味，還有這服務背後的貼心感。可惜有些店家的員工教育不到位，做比不做更令人生氣。

南崁有一家日式定食吧，食物很普通，但是我和家人偶爾會去。因為它有個規定，送餐遲到就會送餐券，這讓我們在無聊的等候時間，多了期待和趣味。

有一次，送餐真的遲了，我告訴服務人員：「你們遲了兩分鐘。」

沒想到，她一副聽而不聞的模樣。

一會兒又來了一位服務員，我又提了一次，她有了回應，卻是冷冷的說：「櫃檯結帳時再補餐券給你。」

從此，我們不再去那家餐廳，心不甘情不願的賠償，會讓客人覺得自己是被視作吃「嗟來食」的乞丐。

同場加映

正常人如何體會不方便的人？有什麼訓練方式？

親自體驗是一種方式，我們曾做個假肚子讓男生戴著，體會孕婦的感受。也會坐輪椅、拿拐杖，體會不方便人的感覺。

第二，直接和這些不方便的人聊天，問他們最不喜歡什麼？對他們來說最不方便的是什麼？

我曾在日本機場看過資深員工教導資淺員工推輪椅的方法，先由資淺員工坐在輪椅上，由資深員工示範，接著讓資淺員工試推，這就是很好的學習方法。

我在美國念書時，有堂課是將班上四十人分成二十組，兩兩一組，一人當盲人，一人當導盲犬。盲人得把眼睛遮起來，導盲犬不能講話，只能抓著盲人的手肘，藉由拉扯指引前進、左右轉，走十五分鐘後，回來角色互換。

演練完後大家經驗分享：聽到什麼？聞到什麼？感受到什麼？大家的經驗都很類似，但有個同學很厲害，他說在走回來的路上，聞到叉燒的味道，所以知道有中國同學正在吃午餐。

這種訓練讓我們察覺，正常人往往被眼睛掌控了，以至於忽略聽覺、嗅覺、觸覺，但當視覺消失後，五感就會跑出來。正因為接受過這樣的訓練，可以了解不方便者的心情與碰到的問題，才能根據體會去做客人需要的服務。

PART 9

不留遺憾的服務

預防客人受傷是業者的基本責任，

客人容易出事的地方，更要做好提醒和防範措施。

scene 40

應該何時？在哪公布「暫停參觀」訊息？

高雄鳳山的鳳儀書院是台灣現存規模最大的歷史書院，也是清朝年間留存至今的三級古蹟。三年前，我好不容易有一段空閒時間，興致勃勃的搭捷運去參觀。刷了悠遊卡，出了捷運站，竟然在書院門口看到公告「鳳儀書院整修，暫停參觀」。

為什麼不在捷運站內就告知旅客訊息呢？而且我是在網頁上查了位置再去的，網頁上也沒有註明整修中。

類似的經驗不只一樁。

我住在淡水，漁人碼頭是我日常健步的運動場。有一天我沿著往常的路線走，到了大門口，發現四個高高壯壯的警衛攔住入口，原因是「颱風要來，漁人碼頭關閉」。我傻眼了，只見還有騎摩托車來的旅人、搭遊覽車來的觀光客……，彷彿在玩繞圈子遊戲般，繞進去又繞出來。

管理當局為什麼不想想旅客一路興沖沖而來的心情呢？如果碼頭關閉的訊息在外面的大馬路口就公告，客人雖然失望卻能少走一點冤枉路。

令我想起在東京旅行的一段經驗。

東京的築地市場是日本規模最大的魚市場，也是著名的旅遊景點，到了東京怎能不去參觀？我下地鐵，來到閘口準備刷卡出去前，就看到公告上寫著今日魚市場休市，地鐵服務人員還耐心向我解釋，今天是中元節，所以休市一天。我搭車原路返回，雖然撲了個空，心情卻沒有太失落，因為車站在刷卡閘口前就告知訊息，不僅讓我少花一筆車資，那份體貼的心意也讓人感到慰藉。

台灣高速公路的路況告示就做得不錯，開車的人應該都曾經注意到，如果高速公路哪個路段出現塞車的情況，在離該路段最近出口之前的告示牌，一定會顯示路況，讓用路人盡早決定，到底是當機立斷下高速公路，或賭一把運氣熬下去。

捷運上都有跑馬燈提供列車進站的時間，台北有些公車站牌也有這樣的資訊，幫旅客做決定，到底要等下去或是跳上計程車。十五年前，我到瑞士旅行，發現他們已經有這樣的服務。

以前，我在台南想搭客運，站牌上寫著「每一到四小時一班」，到底是一小時或四小時？到底該不該等下去？我站在站牌前無語問蒼天哪！

scene 41

出隧道還提醒關頭燈，揪感心

四十年前，我在美國念書，因為姊姊住在優勝美地國家公園附近，我們常常從她住的小城一起開車去優勝美地。進入公園前要穿過一個隧道，管理處很細心，在隧道口設置一個標示提醒開車旅客開頭燈，不過這不稀奇，出了隧道，還有一個標示提醒駕駛關頭燈（圖1、圖2）。

開車的人一定知道這個提醒有多貼心，幾十年後我當了老師，還特地帶學生去看這標示。

很多人興致勃勃到了旅遊地點，玩了一趟回到停車場後，卻發現車子發不動了，原來是忘記關頭燈，車子電池已經耗盡。這時前不著村後不著店，如何是好？

很多遊客會開車上陽明山賞景、洗溫泉，陽金公路時常雲霧繚繞，公路局便在路旁設了不少「山區有濃霧，請開頭燈」的路標。不過，離開公路，卻沒有任何提醒遊客關頭燈的標示。台灣的隧道也都會提醒開頭燈，但很少有提醒

1. 優勝美地國家公園在隧道入口設置提醒開車旅客開頭燈標示。

2. 出了隧道，還有一個標示提醒司機關頭燈，這才稀奇。

出隧道檢查燈的。

其實，**如果政府沒做，溫泉旅館也可以在自家門口設個標示**，提醒旅客關車頭燈，比只標示「本停車場僅提供停車服務，財物損失概不負責」更能讓客人感受到你的貼心，以後會更喜歡來。

scene 42

真人即時總機，強過語音系統

如果同時擁有美國運通、渣打和滙豐銀行的信用卡，一旦遺失，應該先掛失哪一張？

當然是先掛失美國運通卡，因為它刷卡沒有金額上限。

我有個朋友買高鐵票後，整個皮夾不見了，他立刻打電話到美國運通的客服中心，掛失信用卡。

電話一通，他就驚訝了，竟然不必聽語音指示按各種數字、選項，直接就有一個溫柔的聲音問候他：「美國運通卡，我是＊＊＊，很高興為你服務。」

第一層就有專人服務，讓他慌亂的心情稍微鎮定。

知道是掛失信用卡，客服人員接著關心的詢問是被偷或遺失的。

兩者有差別嗎？接下來就知道了。

「遺失的。」

「怎麼遺失的？」

朋友解釋了他在高鐵站拿信用卡在自助售票亭購票，拿出車票就忘記放在旁邊的皮夾子了。

「從你這一筆消費之後，我們就會開始止付，」服務人員最後解釋。

一般銀行的信用卡通常從掛失的時間點開始止付，而掉卡到掛失之間的損失，全部由信用卡持有人負擔。朋友的一顆心放了下來。

美國運通客服人員接著告訴他，核對身分資料、辦手續很快就好，但是預估三天才能收到新卡，如果急，可以自己來拿。

朋友想了想說：「我明天會上台北，我自己去拿。」

掛失、補卡溝通完畢，應該掛電話了，但是服務還沒有結束，客服人員接著問：「要我幫你轉哪家銀行嗎？」

既然是遺失皮夾，皮夾裡面必然有其他銀行卡片，這位客服能真正關心客人的需求，實在讓人感動。結果其他兩家銀行都必須先聽上九十秒的錄音選項指示，才有真人回答。都需要掛失費兩百元，而且要等上一個星期，才能收到新卡。

隔天他到美國運通，打了電話，就上樓到櫃檯找了那位服務人員，拿到新的卡片。原來，這不只是真人服務、專人服務，而且是公司內部的人服務。現在許多公司都把客服外包給其他公司，服務的一致性就大大降低了。

銀行的服務，常常是競爭力的關鍵。淡水一信服務很好，逼得競爭者同區的台銀也不斷提升自己的服務水準。

幾年前我要去歐洲，辦簽證需要存款證明，因此過完年第一個週一，便到淡水的台銀去申請存款證明。

襄理正在大廳招呼客人，看到我，問我：「領錢嗎？」我說要拿存款證明，她便指引我抽號碼牌。抽完號碼，我坐下來，襄理又主動拿申請表格來，讓我先填。

這時，有一位行動不方便的老先生，挪著小小步伐蹭過來，這位襄理快步過去，問老阿伯是不是要領錢。襄理熱情幫他領錢，讓他免於行動之苦。這樣的服務，都是貼心又具吸引力之舉。

scene 43

櫃檯設計不佳，阻礙客人、員工變懶

以前很多旅行社都在機場、車站設櫃服務旅客，看似出現在旅客最需要的地方，但卻疏忽臨門一腳「櫃檯設計」。

以前「＊＊網」的機場櫃檯，又高又封閉，旅客在遠處看不到服務人員，服務人員也可以一直埋頭做事，直到客人走近喊他們再反應（圖1）。

同一個大廳，幾步路之外，是雄獅旅遊的櫃檯。雄獅旅遊採取開放式設計，不僅讓旅客容易親近，服務人員也可能快速走出座位，主動為客人服務（圖2）。

櫃檯的設計有學問，美國大峽谷旅客中心的櫃檯就考慮周到。櫃檯採L型設計，一邊高，一邊低，服務人員坐在當中，從高的那一邊服務一般大人，從低的那一邊，服務小孩和行動不便的人。

一般傳統的長形櫃檯，沒有高低設計，可以設兩個窗口，一個窗口給一般大人使用，另一個窗口則在地上放兩級臺階，讓小孩可以站上接受服務。

有時候，接受櫃檯服務之前，客人須排隊等候，而等候的流程處理得好不好，就是影響客人心情的第一道服務。

好的飯店自然有許多客人等著入住，那麼排隊 check-in 的不便，客人就自行擔待吧。

四季飯店可不這麼想，除了主動提供座位給等待的客人，而且座位還會排隊，前一個人到櫃檯去辦手續時，後面的人便全部往前挪一個座位，秩序井然，時間稍長一點，客人也不會太累，而且，這時候其他服務人員會乘機上前幫旅

1. 都已經在機場設櫃服務旅客，卻把櫃檯設計得又高又封閉，缺少親近性，相當可惜。

2. 幾步之外的雄獅旅遊櫃檯採開放式設計，不僅旅客容易親近，服務人員也可以主動為客人服務。

客確認證件，做好登記住房前的準備，縮短 check-in 的時間。

scene 44

照顧好枕頭、鞋子，飯店基本功

外出旅行，睡眠好不好，至關重要，枕頭會影響睡眠品質，偏偏每個人的習慣不一樣，又很難帶著枕頭旅行。四季飯店知道這個困擾，旅客住房後，會看到一份枕頭選單，上面提供了各種材料、尺寸的枕頭，客人指頭一比，服務人員隨後就送上。

噪音也是干擾睡眠的因素，尤其如果兩人同住一房，生活作息不同，被室友使用馬桶、關浴室門的聲音吵醒是正常的，甚至其他房間關門時，「咔」的一聲也一清二楚。

四季飯店在這方面對旅客的體貼，好到令人感動，不僅浴室關門安靜無聲，有一次，我打開窗戶，才驚覺外面蟬聲高叫，非常吵人。

香港半島酒店有九十年的歷史，雖然老闆出自印度猶太家族，經營者卻都是瑞士旅館管理學院訓練出來的專家，他們的服務也非常細膩。

半島酒店為旅客提供擦鞋的服務，旅客把鞋子放進擦鞋箱後，服務人員就會收走。擦好之後，鞋子從擦鞋箱小門送進房間，客人不必開門就可以拿到擦好的鞋子（圖1）。

這讓我想起一個令人回味不已的凱悅經驗。

多年前，我和幾個朋友出差住在上海金茂凱悅酒店，晚上喝飲料，我打電話給櫃檯要冰塊，很快的，門外就有人按鈴，是服務人員送冰塊來了。沒想到大家興致不錯，想抽菸又要了火柴。沒多久，電話鈴響了，我接起來，「蘇先生，你要的火柴已經放在門口了。」服務人員提供服務卻貼心的不再拿第二次

1. 香港半島酒店為旅客提供擦鞋服務，鞋子由小門進出，客人完全不受干擾。

2. 台東「寶桑豆花」的貼心絲毫不輸大飯店。

的小費。

在台灣的鄉間小店，也能體驗到類似的貼心。

我和學校老師帶學生去綠島輔導民宿時，在台東搭船。前一晚住在台東市，帶同學去吃「寶桑豆花」，店裡有一台紫外線殺菌的烘碗機，讓人對他們的衛生感到安心。

年輕人愛吃珍珠奶茶，對豆花沒什麼興趣，因此，我們七個人只點了五碗。沒多久老闆就把豆花端上來了。

一般來說，送來的碗裡應該只有五支湯匙，也就是一碗附一支湯匙，等客人喊「再給我們兩支湯匙」時，店家才會再補上。可是，我們的五個碗裡有七支湯匙（圖2）。上桌前老闆先看桌上的客人數主動準備，讓同學可以分食，這份貼心贏過好多大飯店。

scene 45

安全，是開店基本守護

台灣有家自稱高檔的餐廳，因為擔心桌面被刮傷，竟然使用玻璃桌面，為了展現對清潔的高要求，服務人員還拿起噴槍對著桌面噴清潔劑，只見清潔劑泡沫飄飛，不知何時就落到食物上了。

從星級飯店到鄉下民宿，幾乎每家旅館的捲筒衛生紙都會折成三角，以示品管。不過，三角誰不會摺？你有沒有想過，那三角到底是服務人員整理過的印記，或是上一個客人調皮亂摺的？

在半島酒店，就不必擔心這件事。半島酒店的服務人員整理過浴室、馬桶後，除了在捲筒衛生紙的末端摺出三角外，還會蓋上飯店英文名字第一個字母的P字章，店家掛保證啦（圖1）。

同樣的店家保證，在日本的飯店也可以看到。一般旅館裡的室內拖鞋，會用塑膠袋套封以示乾淨，日本的飯店還在拖鞋上放說明書，告訴住宿的客人，鞋子已經消毒過，請放心穿（圖2）。

這樣，真的加倍安心。

除了衛生的安全，在服務業中，也要注意公共安全。

大王椰子的樹葉很巨大，到了落葉的季節，從天而降的葉子很容易砸傷樹下經過的人。有一次我到某個學校演講，看見學校在椰子樹下立了「小心落葉」牌子。

寫了這個告示，就不必負責了嗎？

迪士尼樂園裡種了棕櫚樹，落葉季節到了，他們會先把葉子剪掉，而不是

1. 半島酒店整理過的浴室，會在捲筒衛生紙末端摺出三角，並蓋上 P 字。

2. 日本的飯店會在拖鞋上放說明書，告訴住宿的客人鞋子已經消毒過，請放心穿。

3. 迪士尼樂園裡種了棕櫚樹，落葉季節到，他們會先把葉子剪掉，而不是要遊客自己小心。

要遊客自己小心（圖3）。

監察院前也種了大王椰子樹，不過，他們有別的方法，用細細的鐵絲將樹葉捆繞在樹上，落葉鐵定落不下來。

能不能維護公共安全，說到底，就是有沒有責任感。

公共場所裡，客人容易出事的地方，業者更要做好提醒和防範措施。

許多自助型餐廳、咖啡店，用餐區占了兩、三層樓，客人得端著熱食或熱飲上下樓梯，萬一撞在一起，難免會燙傷。如果這些樓梯還要轉彎，最好在轉彎處設鏡子，讓客人預知轉彎後是否有其他人，提醒自己放慢腳步。

手扶梯也是經常發生危險的地方，尤其是和地面交接的盡頭，客人一不注意，很容易絆倒。因此，電梯廠商會在盡頭的電梯扶手下方，設計一道黃色的燈，提醒旅客電梯要到地面了（圖4）。台灣的電梯也有這個設計，不過相較之下太短，難以起警示作用（圖5）。

孩子因為活動力強，也很容易在餐廳出事，業者要特別警醒，千萬不要叫客人自己小心。

前面提到香港洲際飯店裡有一家Nobu餐廳，有一次我和朋友去用餐，看到其他桌的客人帶著小孩，孩子坐不住，在高腳椅上動來動去，突然間，椅子翻倒，眼看著孩子要摔到地上了，服務人員即時出現，一個抱住孩子，一個扶住椅子。
他們的動作能這麼迅速，必然是針對各種可能發生的意外，不斷演練預防及處理的方法。
預防客人受傷是業者的基本責任，不管你的方法或設施是什麼。
台灣有很多飯店和民宿都會提供腳踏車給客人使用，有些收費，有些免費，但是不管哪一種，因為涉及安全，一定要維修。
我常常經過淡水一家小旅館，總會看到員工在檢查腳踏車或者更換零件，

4. 日本電梯廠商在電梯盡頭的扶手下方，設計一道黃色的燈，提醒旅客電梯要到地面了。

5. 台灣的手扶梯也有這個設計，不過相較之下太短，難以起警示作用。

顯然是很在意客人的騎乘安全。

搭乘台北捷運或高鐵時，我也常常看到他們在維修電梯或其他設備，縱使維修時要走樓梯而感到不便，旅客也會因此而感到安心。

同場加映

服務做得太好，難處理的客人一直來，怎麼辦？

難處理的客人有幾種，一種是對產品及服務不了解，所以表現出來的行為讓人不舒服，處理的方法就是讓客人理解，經由清楚解說產品、服務的流程、限定的時間，可以解決大部分問題。

另一種是過分期待的客人，那這就是商家的錯了，要自我檢討：找部落客寫的文章是不是太誇張了？拍的廣告是否過分唯美，結果客人發現根本不是這樣。所以千萬不要老王賣瓜做不實廣告，太過火的廣告反而是白找麻煩。

只要開門營業，不管好壞客人，都要概括承受，真正厲害的店家，是好客人跟不好的客人，都可以處理，只有免疫力低或是一時成功的公司，才只服務好客人，沒辦法服務不理解或要求高的客人，這種公司其實沒有存活能力。

做生意，不可以拒絕客人，除非客人危害到其他客人的安全，才可以斷然拒絕。

你可以讓大環境去影響這些難處理的客人，當大家都很安靜，只有他很大聲，他就會跟著靜下來，當然這並不容易。試想，有客人來找碴，你把他們處理好了，大家都會給你掌聲。遇到比較無知的客人，不知道怎麼使用設備或大嗓門時，你在服務的過程中依然保持優雅，旁邊的人也會尊敬你，因為你沒有挑客人，挑客人服務是會讓其他客人不舒服的。

如果你的客人是行動不便者，是唐氏症小孩，是尿失禁的老人，你若能把這些客人都照顧好，旁邊的人看了都會感動。

陸客多「奧客」？

隨著大陸崛起，四處旅遊的陸客日益增加，也出現不少陸客在觀光景點不守規矩、當眾大小便的報導，「奧客」一說不絕於耳。

「奧客」一詞，在我聽來實在刺耳，對我這個多年從事及教育服務的人來說，這種說法真是「不應該」。

究竟有多少人親眼看見陸客在大庭廣眾之下大小便？我想答案應該少之又少，那怎麼可以把萬分之一出現的狀況，拿來醜化所有的陸客？許多商家想賺陸客的錢，又說人家是「奧客」，這種生意心態就是「不應該」。

早期陸客習慣蹲在旅館大廳，服務人員該如何處理？拿椅子請他坐？千萬不行，因為這樣做是直接污辱客人。比較好的方式是，跟著蹲在他旁邊，輕鬆跟客人聊天，問他下一個行程計畫去那裡……。等客人自覺怎麼有一位台灣人這樣跟他聊天時，他自然會站起來。跟客人站在同一個高度，才是好的服務。

如果有女客人的皮包掉在地上，裡面物品散落一地，該幫她撿起來嗎？不行，千萬不可以，因為女客人的皮包裡往往有些私密的東西：避孕藥、保險套、當票……，所以碰都不能碰，好的服務不能讓客人困窘，所以你必須幫她提別的東西，順便用東西幫她遮掩，讓她好好去撿拾自己的皮包及物品。永遠站在客人的層面設想，才是好的服務。

所以，在服務字典裡，沒有「奧客」這個詞語，只有「比較難處理的客人」，說人家「奧客」，等於與客人站在對立面，這種心態怎麼能做到好的服務。對於難處理的客人，我們更要以好的服務來招待，讓好的服務去影響他們。

跋

在不經心的地方有溫暖，在陌生的地方有善意

服務發展歷程，有三個層次，第一個層次，是尊卑主從的下對上服侍，這是土豪所喜愛的形式；第二層次的服務，是金錢和專業交易的對等行為。隨著經濟和文化發展，人際互動的觀念也在改變，如今第三層次的服務，是一種發自情意的款待，服務的人以專業和熱情，像主人「款待」自己的朋友一般，主動為對方提供貼心的照顧，進而達到賓主盡歡。

現代人喜歡輕鬆隨意的旅行，吃飯、休閒也是一樣，因此，款待式的服務，能滿足客人需求卻不令人感到疏離或刻意，對服務的人來說，是一種自在的付出，不必勉強或刻意，他的行為、言語，都會為了讓客人滿意而發生。

推到極致，服務可以說是一種信仰，如果能從心裡徹底相信：「讓客人滿意」是唯一真理，就能自然而義無反顧地奉行。

個人是如此，推衍到組織，不論飯店、餐廳、航空公司、百貨商場……，甚

至作為人民公僕的政府機關，這種熱情的骨血，就是定位和信念。

談企業定位，大部分做服務業的老闆，很快就會針對客人屬性訂出方針，例如菜色是中式或西式，設備是頂級或大眾化。

但是要成為一家卓越的企業，想擁有熱情的骨血，只有一種策略定位，那就是員工第一、客人第二，然後才是股東、社會。只有讓員工樂意服務，客人才可能滿意。

這樣的企業不是僅提供限於SOP的服務，他們更會主動為客人創造最貼切的BOP（Best Operation Procedure）。

BOP的服務，是一種接軌式的服務，當客人到你面前，你不是只看到當下的他，而是從心靈到思想，和客人相關的所有情境、經驗、習慣、空間、心情，從眼前的觸點開始，瞬間接軌。

以前我住在天母時，很喜歡到茉莉漢堡吃飯。茉莉漢堡是一家提供傳統美式餐點的餐廳，食物和環境並不特別，但是老闆娘一路看著我們的孩子從抱著、背著到牽著，她會接軌到我們的人生，驚喜地說「女娃長這麼快」，讓人感受到家人般的親切，我們就更常去了。

用心之外，還是用心

我在亞都麗緻飯店工作時，每天早上都到附近一家小店吃早餐，他們的蛋餅很好吃，我的早餐也是千篇一律的蛋餅加豆漿，只是夏天點冰豆漿，冬天換成熱豆漿。更重要的是，老闆知道也記得我的喜好，每天早晨六點四十五分，我走進早餐店，人一坐下，蛋餅和豆漿就自動送上來了。

有一天，這種親近如家人的服務消失了。早餐店生意不錯，老闆雇了一個小姐來幫忙。小姐看起來很認真，第一天，她問我要吃什麼，我告訴她：「蛋餅加豆漿。」她又問，豆漿要熱的或冰的。我說：「冰的！」

第二天同樣時間，我踏進早餐店，那位小姐又來問我吃什麼。同樣的答案，我耐心地又說了一遍。

沒想到，第三天如此，第四天也這樣。從此，我很少去那家早餐店了。會發生這種從「老主顧」變「路人甲」的落差，雖然一部分要怪老闆沒有傳承經驗，但是在第一線服務的人，如果能善用聯想力，用客人的角度神遊一趟他的旅程，即使接待的是陌生客人，也能順利和他接軌。

假設一個大熱天中午，客人從外面進來，站在冷氣房裡的你，如果能不是制式的喊歡迎光臨，而是接軌他所來的路徑，招呼說：「太陽好大，先進來喝杯冰茶！」滿頭大汗的客人聽了，一定有體貼窩心的感覺。

同樣的，下著大雨的天氣，客人要離開店裡，提醒他一句：「外面下雨了，你有帶傘嗎？如果沒有，我們有愛心傘。」客人即使自己帶了傘，都會倍感溫馨。

除了經驗、習慣、天氣，時間點也是很容易接軌的觸點。

假設有個客人總是來得特別早，接待他的時候不要只道一句早安。早起的人，通常對生活有一定的自律和要求，發揮你的想像力，讚嘆一句：「哇，你是今天我們最早的客人！」

早期我常搭飛機來往北高，早上總是搭復興最早的班機，幾次之後，櫃檯服務人員給我機票後，說：「蘇先生辛苦了，每天都這麼早。」

那句話，彷彿有人理解我的勤勉辛苦和認真。

這種主客之間的親近關係，不是只有在地小店能經營，大型企業，尤其有全國連鎖店，只要懂得運用資料庫，更容易做到。

例如連鎖機車行的師傅，遇到陌生的客人來修理車子，瞥一眼他車後的擋泥板，擋泥板上通常會寫著來處，如果上面寫著「飛輪車行」，和他套一下地緣關係，「我和飛輪車行的陳老闆很熟！」

客人的防備心通常就會跟著放下，該換機油、該補輪胎……，一切都能好好討論，不會懷疑你要敲竹槓。

當然，這種關係也要拿捏得當，免得成為無厘頭。

有一次我到上海，飛機即將在虹橋機場降落。商務艙的空姐，一一通知我們：「我們會提早二十分鐘抵達。」

我一時楞住了，這是什麼意思呢？班機提早抵達的訊息，是和眾人相關的事，應該廣播讓全機所有乘客知道，不應該當作個人化的分享，除非只有我一個人先抵達，那就是墜機囉？空姐應該告訴我的，是跟我個人相關的資訊，例如我的座位靠近哪裡，下飛機時走哪個機門比較方便。

了解你所要服務的客人，就容易做到接軌式的服務。

那麼，我們的客人是誰？

好的服務像宗教，能撫慰人心

在台灣，服務業主要的客人當然就是我們台灣客人。台灣人熱心善良，卻也有些劣根性，欺生、貪小便宜、愛拉關係。

台灣人欺生，對陌生人比較不留情面，要化解這種情境，最好的方法是使用對方的名字。怎麼知道陌生人的名字呢？直接問對方就太白目了，觀察一下他行李箱的名牌、刷卡上的簽名或同伴怎麼喊他，然後招呼一句「蘇先生，這邊走」或「陳小姐，你的簽名真漂亮」，很快就拉近了關係。

同樣的，對服務人員也可以這樣，而且更容易做到。服務人員通常會配戴名牌，你喊他的名字，一方面他會警醒到自己被注意著，一方面也會感覺到你的親切，服務一定會更到位。

貪小便宜的特性可以讓人頭痛，但是聰明的人因勢利導，在服務過程中創造機會讓對方占便宜，例如提供小贈品或施以小惠，更厲害的是讓客人享受更頂級的服務，這種貪的特性就會化為忠誠度，讓顧客主動上門。

有些台灣人喜歡拉關係，從客人的角度來看，和店家拉關係通常是為了要折扣、要方便，對服務人員來說，和客人拉關係是希望能與他建立關係，做好服務。

不過，不管來者是什麼客，絕對沒有奧客。一般客人是我們的衣食父母，這些難處理的客人就是我們的「再生父母」，因為他們的挑剔、高標準，會提升我們的視野，讓我們的專業獲得新生。

我們經常認為會抱怨的客人是奧客，多因為我們不信任客人，其實，難處理的客人雖然不一定對，但大部分都沒有惡意。美國曾經做過一個調查發現，所有有客訴的客人只有二%是蓄意占便宜，因此美國的服務業常會滿足所有客人的要求，而花在惡意的二%客人身上的錢，就當成廣告費，這點錢能讓不滿意的客人變滿意，避免負面宣傳，企業一點也不吃虧。在台灣剛好相反，常為了防止二％占便宜的客人，而設許多規定讓其他九八％的客人感到不便而卻步。

現代社會人際關係越來越疏離，而好的服務就像一道暖流，像宗教一樣能撫慰人心。

想像有一天你遇到挫折，開車四處遊蕩，路上看到一家以前常去的麵店，你下車進去，老闆滿臉笑容地迎上來說：「好久沒來了喔！還是牛肉麵，輕紅，不加蔥，一碟泡菜及粉蒸排骨嗎？」那一些餐食裡有老闆對你的在意，讓你從胃到心靈都有了一絲元氣。你繼續上路，車子沒油了，眼前有個加油站，你繞了進去，年輕服務員輕快地為你加滿油，然後提醒你小心開車，前面道路有工程在進行，他的善意讓你漸漸平靜下來。

在不經心的地方有溫暖，在陌生的地方有善意，款待每個上門的客人，就是幫助每個有需要的人。這是我衷心信服，也衷心分享的好服務。

蘇國垚的款待 II，45 則貼心分享筆記

好服務。壞服務

作　　者	蘇國垚
商周集團榮譽發行人	金惟純
商周集團執行長	郭奕伶
視覺顧問	陳栩椿
商業周刊出版部	
總編輯	余幸娟
責任編輯	羅惠馨
文字整理	張子弘
圖片提供	蘇國垚
封面設計	黃聖文
內頁設計、排版	巫麗雪
書腰攝影	楊文財
出版發行	城邦文化事業股份有限公司 - 商業周刊
地址	104 台北市中山區民生東路二段 141 號 4 樓
傳真服務	（02）2503-6989
劃撥帳號	50003033
戶名	英屬蓋曼群島商家庭傳媒股份有限公司城邦分公司
網站	www.businessweekly.com.tw
製版印刷	中原造像股份有限公司
總經銷	高見文化行銷股份有限公司 電話：0800-055365
初版 1 刷	2015 年（民 104 年）6 月
初版 25 刷	2021 年（民 110 年）4 月
定價	360 元
ISBN	978-986-6032-94-3

國家圖書館出版品預行編目資料

蘇國垚的款待 II，45 則貼心分享筆記：
好服務。壞服務 / 蘇國垚著 . – 初版 . –
臺北市 : 城邦商業周刊 , 民 104.06
面； 公分
ISBN 978-986-6032-94-3（平裝）
1. 旅館業管理 2. 顧客關係管理
489.2 104006650

金商道

The positive thinker sees the invisible, feels the intangible, and achieves the impossible.

惟正向思考者，能察於未見，感於無形，達於人所不能。 —— 佚名